中文版

Illustrator 2023
入门教程

李金明 陈慧颖 编著

U0191619

人民邮电出版社

北 京

图书在版编目（CIP）数据

中文版Illustrator 2023入门教程 / 李金明，陈慧
颖编著. — 北京：人民邮电出版社，2024.6
　ISBN 978-7-115-63526-6

　Ⅰ. ①中… Ⅱ. ①李… ②陈… Ⅲ. ①图形软件—教
材 Ⅳ. ①TP391.412

中国国家版本馆CIP数据核字(2024)第019275号

内 容 提 要

　　本书是学习 Illustrator 操作、技巧和实战的教程，旨在帮助读者轻松、高效地掌握 Illustrator 在平面设计、VI 设计、UI 设计、电商设计、包装设计、插画制作等不同领域的应用技巧。

　　本书从 Illustrator 基本操作入手，结合丰富的实例和课后习题，全面地讲解了图形绘制、路径的创建与编辑、组合图形、渐变和渐变网格、实时上色、图案、文字编辑、混合、封套扭曲、混合模式、蒙版、效果、外观、图形样式、画笔、符号、图表等功能。随书资源包含课堂案例、课后习题和综合实例的素材文件、效果文件、在线教学视频，以及教师专享的 PPT 课件。此外还附赠了《设计基础课——UI 设计配色方案》《设计基础课——网店装修设计配色方案》《设计基础课——创意法则》等电子资料。

　　本书适合 Illustrator 初学者及准备从事设计工作的人学习参考，也适合作为相关院校和培训机构的教材。

◆ 编　　著　李金明　陈慧颖
　　责任编辑　张丹丹
　　责任印制　陈　犇

◆ 人民邮电出版社出版发行　　北京市丰台区成寿寺路 11 号
　　邮编　100164　电子邮件　315@ptpress.com.cn
　　网址　https://www.ptpress.com.cn
　　临西县阅读时光印刷有限公司印刷

◆ 开本：700×1000　1/16
　　印张：14　　　　　　　　　　2024 年 6 月第 1 版
　　字数：345 千字　　　　　　　2024 年 6 月河北第 1 次印刷

定价：69.80 元

读者服务热线：**(010)81055410**　印装质量热线：**(010)81055316**
反盗版热线：**(010)81055315**
广告经营许可证：京东市监广登字 20170147 号

前言

Illustrator 是一款强大的矢量图形设计软件，在设计领域有着广泛的使用。Illustrator 与其他 Adobe 软件（如 Photoshop 和 InDesign）可以无缝协作，设计师能够轻松地在这些软件之间共享文件、编辑图形和文本，实现设计项目的高效一体化管理。

本书以全面介绍 Illustrator 操作方法为目标，并通过多个行业的实际设计案例，生动地展现了 Illustrator 在职场中的应用。这些实例涵盖多个领域，包括 VI（视觉识别）设计领域，如品牌 Logo、标志、色彩、专用字体、名片设计；UI 设计领域，提供了界面设计、图标等界面元素的制作实例；电商设计领域，有电商海报等；包装设计领域，包括产品包装、标签、图案和包装效果图的制作。此外，还有网站主页、书籍封面、动漫美少女、插画、装饰画、精品菜单的版面设计和排版等。

希望本书能够成为您探索 Illustrator 精彩世界的向导，同时更希望通过本书的学习，能让 Illustrator 成为您纵横职场的利器。

内容特色

轻松入门：本书从 Illustrator 界面开始，由浅入深地展开讲解，文字浅显易懂，图文并茂，零基础读者也能轻松入门。

循序渐进：本书由 Illustrator 基础功能的使用和简单的操作任务，逐渐过渡到整合多种功能制作复杂效果，难度层层递进，符合 Illustrator 的学习特点，能让读者少走弯路。

学用结合：本书的每个章节都提供了有针对性的实例供读者练习，这些实例展现了 Illustrator 的使用技巧，以及其在不同设计工作中的应用。学用结合让 Illustrator 的功能更易理解，更好操作。

学习项目

课堂案例
与所讲内容相关的实例，通过实际动手操作学习各种功能。

小提示
各种 Illustrator 操作技巧及使用时的注意事项。

课后习题
包含"问答题"和可增强独立操作能力的"操作题"。

综合实例
突出了多功能协作的特点，技术性更强，技巧更丰富。

视频位置、技术掌握
实例视频的位置和名称，以及从实例中所学的技术。

资源与支持

本书由"数艺设"出品，"数艺设"社区平台（www.shuyishe.com）为您提供后续服务。

配套资源

素材文件：课堂案例、课后习题和综合实例的素材文件。

效果文件：课堂案例、课后习题和综合实例的效果文件。

教学视频：课堂案例、课后习题和综合实例制作过程的演示视频。

教师专享 PPT 课件：12 章教学课件。

附赠资源

《CMYK色卡》《常用颜色色谱表》《设计基础课——UI设计配色方案》《设计基础课——创意法则》《设计基础课——图形设计》《设计基础课——色彩设计》《设计基础课——网店装修设计配色方案》电子书。

"数艺设"社区平台，为艺术设计从业者提供专业的教育产品。

与我们联系

我们的联系邮箱是szys@ptpress.com.cn。如果您对本书有任何疑问或建议，请您发邮件给我们，并请在邮件标题中注明本书书名及 ISBN，以便我们更高效地做出反馈。

如果您有兴趣出版图书、录制教学课程，或者参与技术审校等工作，可以发邮件给我们。如果学校、培训机构或企业想批量购买本书或"数艺设"出版的其他图书，也可以发邮件联系我们。

关于"数艺设"

人民邮电出版社有限公司旗下品牌"数艺设"，专注于专业艺术设计类图书出版，为艺术设计从业者提供专业的图书、视频电子书、课程等教育产品。出版领域涉及平面、三维、影视、摄影与后期等数字艺术门类，字体设计、品牌设计、色彩设计等设计理论与应用门类，UI设计、电商设计、新媒体设计、游戏设计、交互设计、原型设计等互联网设计门类，环艺设计手绘、插画设计手绘、工业设计手绘等设计手绘门类。更多服务请访问"数艺设"社区平台www.shuyishe.com。我们将提供及时、准确、专业的学习服务。

目录

第 1 章 入门前的必修课 11

1.1 Illustrator 工作界面 12

1.1.1 课堂案例：Illustrator 概览 12

1.1.2 文档窗口、画板及状态栏 13

1.1.3 菜单栏 14

1.1.4 工具栏 14

1.1.5 控制栏 15

1.1.6 面板组 15

1.1.7 定义工作区 16

1.1.8 查看图稿 17

1.2 矢量图与位图 18

1.2.1 课堂案例：制作名片 18

1.2.2 矢量图与位图的区别 19

1.3 文档编辑 19

1.3.1 课堂案例：美装类商业海报 19

1.3.2 创建空白文件 20

1.3.3 打开文件 21

1.3.4 置入文件 21

1.3.5 保存文件 22

1.3.6 关闭文件 23

1.3.7 撤销操作与恢复文件 23

1.4 课后习题 24

1.4.1 问答题 24

1.4.2 操作题：修改首选项 24

1.4.3 操作题：重新配置工具栏 24

第 2 章 Illustrator 基本操作 25

2.1 图层 26

2.1.1 课堂案例：纸雕效果 26

2.1.2 "图层"面板 27

2.1.3 创建/删除图层和子图层 27

2.1.4 修改图层的名称和颜色 28

2.1.5 选择与合并图层 28

2.1.6 调整对象的堆叠顺序 29

2.1.7 快速定位对象 30

2.1.8 显示或隐藏对象 30

2.1.9 锁定对象 30

2.2 选择、移动与编组 31

2.2.1 课堂案例："雪乡"冰雪字 31

2.2.2 选择对象 32

2.2.3 移动对象 33

2.2.4 复制与粘贴 34

2.2.5 编组 35

2.3 对齐与分布 36

2.3.1 课堂案例：App 页面布局 36

2.3.2 对齐与均匀分布对象 37

2.3.3 基于关键对象对齐和分布 37

2.3.4 排除路径宽度干扰 38

2.3.5 标尺与参考线 38

2.3.6 智能参考线 39

2.3.7 网格 39

2.4 变换与扭曲 40

2.4.1 课堂案例：蒲公英图案 40

2.4.2 变换控件 42

2.4.3 旋转 42

2.4.4 镜像 42

2.4.5 缩放 42

2.4.6 倾斜 43

2.4.7 "变换"面板 43

2.4.8 拉伸、透视扭曲和扭曲 43

2.4.9 操控变形 44

2.4.10 液化类工具 44

2.5 课后习题 45

2.5.1 问答题 45

2.5.2 操作题：扑克牌 45

2.5.3 操作题：牛奶盒包装 46

第 3 章 颜色编辑与图形绘制 47

3.1 填色与描边 48

3.1.1 课堂案例：曼陀罗图案 48

3.1.2 填色与描边选项 49

3.1.3 "描边"面板 50

3.1.4 "颜色"面板 51

3.1.5 "色板"面板 52

3.2 绘制基本图形 53

3.2.1 课堂案例：汉堡包图标设计 53

3.2.2 矩形和正方形 54

3.2.3 圆角矩形 55

3.2.4 椭圆和圆形 56

3.2.5 多边形 56

3.2.6 星形 56

3.3 绘制线和网格 57

3.3.1 课堂案例：婴儿用品 Logo 57

3.3.2 直线 59

3.3.3 弧线 59

3.3.4 螺旋线 59

3.3.5 矩形网格 60

3.3.6 极坐标网格 61

3.4 课后习题 62

3.4.1 问答题 62

3.4.2 操作题：邮票齿孔效果 62

3.4.3 操作题：装饰艺术图形 63

第 4 章 绘制和编辑路径 65

4.1 认识路径和锚点 66

4.1.1 课堂案例：天气 App 界面设计 66

4.1.2 锚点的种类 67

4.1.3 锚点的用途 67

4.2 钢笔工具和曲率工具 68

4.2.1 课堂案例：天鹅标志设计 68

4.2.2 绘制直线 69

4.2.3 绘制曲线 69

4.2.4 绘制转角曲线 70

4.2.5 绘制曲线后接着绘制直线 70

4.2.6 绘制直线后接着绘制曲线 70

4.2.7 曲率工具 70

4.3 铅笔工具 71

4.3.1 课堂案例：卡通贴纸效果 71

4.3.2 铅笔工具 72

4.4　编辑锚点和路径 72

4.4.1　课堂案例：品牌牛奶 Logo 设计 73

4.4.2　选择与移动锚点和路径 74

4.4.3　切换视图模式 75

4.4.4　保存选择状态 75

4.4.5　转换锚点 75

4.4.6　添加和删除锚点 76

4.4.7　均匀分布锚点 76

4.4.8　连接路径 77

4.4.9　偏移路径 77

4.4.10　平滑路径 78

4.4.11　轮廓化描边 78

4.4.12　删除路径 78

4.4.13　剪断路径 78

4.4.14　剪切图形 79

4.4.15　擦除图形 79

4.4.16　将图形分割为网格 80

4.5　课后习题 81

4.5.1　问答题 81

4.5.2　操作题：双重纹理字 81

4.5.3　操作题：美猴王饮品趣味包装 82

第 5 章 组合图形 83

5.1　"路径查找器"面板 84

5.1.1　课堂案例：文创商店 Logo 84

5.1.2　"路径查找器"面板介绍 86

5.1.3　复合形状 86

5.1.4　扩展复合形状 87

5.1.5　释放复合形状 87

5.2　形状生成器工具 87

5.2.1　课堂案例：矛盾空间图形 87

5.2.2　形状生成器工具选项 89

5.3　Shaper 工具 90

5.3.1　课堂案例：扁平化图标 90

5.3.2　生成实时形状 91

5.3.3　组合和分割图形 92

5.3.4　编辑 Shaper 组中的形状 92

5.4　缠绕功能 93

5.4.1　课堂案例：中国结 93

5.4.2　缠绕技巧 95

5.4.3　释放缠绕 95

5.5　课后习题 95

5.5.1　问答题 95

5.5.2　操作题：心形图标 95

5.5.3　操作题：贺喜帖 96

第 6 章 渐变、实时上色与图案 97

6.1　渐变 98

6.1.1　课堂案例：海豚插画设计 98

6.1.2　"渐变"面板 100

6.1.3　线性渐变 102

6.1.4　径向渐变 102

6.1.5　任意形状渐变 103

6.2　渐变网格 104

6.2.1　课堂案例：玻璃质感 UI 图标 104

6.2.2　创建渐变网格 106

6.2.3　为渐变网格上色 106

6.2.4　编辑网格对象 107

6.3　实时上色 108

6.3.1　课堂案例：花纹图案 108

6.3.2　生成表面和边缘 110

6.3.3 扩展实时上色组 110

6.3.4 释放实时上色组 110

6.4 全局色、专色与重新着色图稿 110

6.4.1 课堂案例：矢量风格装饰画 111

6.4.2 全局色 111

6.4.3 专色 112

6.4.4 重新着色图稿 113

6.5 图案 117

6.5.1 课堂案例：制作包装图案 117

6.5.2 "图案选项"面板 118

6.5.3 重复 119

6.5.4 调整图案位置 121

6.5.5 变换图案 121

6.5.6 修改图案 121

6.6 课后习题 122

6.6.1 问答题 122

6.6.2 操作题：书籍封面设计 122

6.6.3 操作题：古典海水图案 124

第 7 章 文字的应用 125

7.1 点文字 126

7.1.1 课堂案例：宠物店海报设计 126

7.1.2 选择和修改文字 128

7.1.3 修饰文字工具 129

7.2 区域文字 130

7.2.1 课堂案例：汉服文化网站主页 130

7.2.2 创建区域文字 131

7.2.3 编辑区域文字 132

7.2.4 文本分栏 132

7.2.5 区域文字与点文字互换 133

7.3 文本绕排 133

7.3.1 课堂案例：制作图文混排版面 133

7.3.2 文本绕排选项 134

7.3.3 释放文本绕排 134

7.4 路径文字 135

7.4.1 课堂案例：生态农业图标设计 135

7.4.2 移动和翻转路径文字 136

7.4.3 路径文字选项 137

7.4.4 串接文本 137

7.5 设置字符和段落格式 138

7.5.1 课堂案例：奶茶字体设计 138

7.5.2 选择字体及样式 141

7.5.3 设置文字大小和角度 141

7.5.4 调整字间距 142

7.5.5 设置行距 142

7.5.6 基线偏移 143

7.5.7 对齐文字 143

7.5.8 缩进文本 143

7.5.9 调整段落间距 144

7.6 课后习题 144

7.6.1 问答题 144

7.6.2 操作题：奶茶 Logo 144

7.6.3 操作题：3D 特效字 145

第 8 章 混合与封套扭曲 147

8.1 混合 148

8.1.1 课堂案例：子非鱼 148

8.1.2 创建混合 149

8.1.3 替换混合轴 149

8.1.4 反向混合轴 150

8.1.5 反向堆叠 150

8.1.6 扩展混合 151

8.1.7 释放混合 151

8.2 封套扭曲 **151**

8.2.1 课堂案例：立体降价标签 151

8.2.2 用变形方法创建封套扭曲 153

8.2.3 用网格建立封套扭曲 153

8.2.4 用顶层对象建立封套扭曲 154

8.2.5 编辑封套扭曲对象 154

8.2.6 封套选项 154

8.2.7 扩展封套扭曲 155

8.2.8 释放封套扭曲 155

8.3 课后习题 **155**

8.3.1 问答题 155

8.3.2 操作题：亚克力质感立体字 155

8.3.3 操作题：动感变形 Logo 157

第 9 章 混合模式、不透明度与蒙版 159

9.1 混合模式与不透明度 **160**

9.1.1 课堂案例：手机锁屏图案 160

9.1.2 混合模式 161

9.1.3 不透明度 163

9.1.4 填色和描边的混合模式及不透明度 ...163

9.1.5 图层的混合模式及不透明度 164

9.2 不透明度蒙版 **165**

9.2.1 课堂案例：珠光效果 Logo 165

9.2.2 不透明度蒙版原理 166

9.2.3 链接蒙版与被遮盖对象 166

9.2.4 取消剪切 166

9.2.5 释放不透明度蒙版 166

9.3 剪切蒙版 **166**

9.3.1 课堂案例：精品菜单设计 166

9.3.2 创建剪切蒙版 169

9.3.3 编辑剪切蒙版 169

9.3.4 释放剪切蒙版 169

9.4 课后习题 **169**

9.4.1 问答题 169

9.4.2 操作题：航天题材手机屏幕 170

9.4.3 操作题：透明磨砂效果 App 界面 ... 170

第 10 章 效果、外观与图形样式 171

10.1 Illustrator 效果 **172**

10.1.1 课堂案例：毛绒卡通玩具 172

10.1.2 效果概览 174

10.1.3 SVG 滤镜 174

10.1.4 变形 175

10.1.5 扭曲和变换 175

10.1.6 栅格化 176

10.1.7 裁切标记 176

10.1.8 路径 176

10.1.9 路径查找器 176

10.1.10 转换为形状 176

10.1.11 风格化 176

10.2 "3D 和材质" 效果 **177**

10.2.1 课堂案例：软陶玩偶效果 177

10.2.2 凸出和斜角 179

10.2.3 绕转 181

10.2.4 膨胀 181

10.2.5 旋转 181

10.2.6 材质 181

10.2.7 光照 182

10.2.8 渲染 3D 对象 184

10.2.9 导出 3D 对象 184

10.3 Photoshop 效果 **184**

10.3.1 课堂案例：图章状标志 185

10.3.2 效果画廊 186

10.4 外观属性 **186**

10.4.1 课堂案例：健康食品标签设计 186

10.4.2 "外观"面板 188

10.4.3 为图层添加外观 188

10.4.4 从对象上复制外观 189

10.4.5 删除外观 189

10.5 图形样式 **190**

10.5.1 课堂案例：牛仔布棒球帽 190

10.5.2 "图形样式"面板 190

10.5.3 重新定义图形样式 191

10.6 课后习题 **191**

10.6.1 问答题 191

10.6.2 操作题：为电商产品加阴影 191

10.6.3 操作题：宠物医院 Banner 设计 192

第 11 章 画笔、符号与图表 **193**

11.1 画笔 **194**

11.1.1 课堂案例：书法风格网站 Banner 194

11.1.2 "画笔"面板 195

11.1.3 创建画笔 196

11.1.4 修改画笔 197

11.1.5 画笔工具 197

11.2 符号 **198**

11.2.1 课堂案例：立体剪纸效果贺卡 198

11.2.2 符号概览 199

11.2.3 "符号"面板 200

11.2.4 创建符号 200

11.2.5 创建符号组 201

11.2.6 编辑符号实例 201

11.2.7 替换符号 202

11.2.8 重新定义符号 203

11.3 图表 **203**

11.3.1 课堂案例：球员身高统计图表 203

11.3.2 图表的种类 204

11.3.3 "图表数据"窗口 206

11.3.4 修改数据 207

11.3.5 修改图表格式 207

11.3.6 设置数值轴 209

11.3.7 设置类别轴 209

11.3.8 替换图例 210

11.4 课后习题 **210**

11.4.1 问答题 210

11.4.2 操作题：繁星满天 211

11.4.3 操作题：双轴图图表 212

第 12 章 综合实例 **213**

12.1 雄鹿标志设计 **214**

12.2 宠物用品 Logo **215**

12.3 网点纸动漫美少女 **217**

12.4 简约插画 **218**

12.5 坚果包装及效果图 **220**

课后习题参考答案 **223**

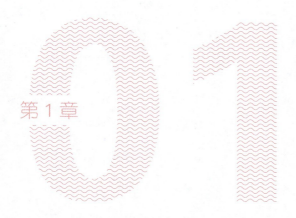

第 1 章

入门前的必修课

本章导读

本章介绍 Illustrator 入门知识，包括工作界面的构成，工具、面板和命令的使用方法，文件的创建和保存方法，以及怎样查看图稿、撤销操作。通过本章的学习及实例操作，读者可以初步了解 Illustrator。

本章学习要点

- 面板组
- 制作名片
- 矢量图与位图的区别

- 美装类商业海报
- 撤销操作与恢复文件
- 修改首选项

1.1 Illustrator 工作界面

Adobe 的软件大多采用相同的界面风格，如果会用 Photoshop，Illustrator 就很容易上手操作。

1.1.1 课堂案例：Illustrator 概览

视频位置	多媒体教学 >1.1.1 Illustrator 概览 .mp4
技术掌握	初步了解 Illustrator 工作界面，学会使用"发现"面板

初学者打开 Illustrator，犹如进入了一个全新的世界，一切都是未知的。"发现"面板可以作为向导，带领我们初步了解这个软件。

01 双击桌面上的 ▨ 图标，运行 Illustrator。首先显示的是主页，如图 1-1 所示。

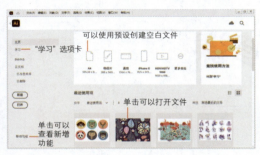

图 1-1

💡 **小提示**

在主页中可以新建文件，也可以单击其中的图稿缩览图打开最近使用过的文件。单击"学习"选项卡，可以观看Adobe官方的实例视频。如果觉得黑色界面颜色较暗，可执行"编辑>首选项>用户界面"命令打开"首选项"对话框，将界面颜色调浅。

02 按 Esc 键关闭主页，进入 Illustrator 工作界面。单击右上角的 🔍 按钮，如图 1-2 所示，打开"发现"面板，如图 1-3 所示，其中包括"浏览"列表和"资源链接"列表。

图 1-2   图 1-3

03 "浏览"列表中包含几个很有意思的条目。例如，单击"实操教程"条目并选择自己感兴趣的教程，软件会自动打开相应素材，使用素材跟着教程操作，可以通过实战的方法进行学习，如图 1-4～图 1-7 所示。

图 1-4   图 1-5

图 1-6   图 1-7

04 "教程"条目中提供了各种各样的视频，从中可以学习 Illustrator 使用技巧，如图 1-8 所示。

05 如果具备一些 Illustrator 初步使用知识，可以单击"快速操作"条目，用其中的预设自动编辑图稿。例如，可以制作复古文字、霓虹灯文本等特效，如图 1-9 所示。

06 想要了解 Illustrator 2023 版本增加了哪些功能，可以单击"新增功能"条目。

07 如果想查看 Illustrator 各种功能的介绍文字，可以单击"资源链接"列表中的"用户指南"条目。此外，在该列表中还可以下载插件和字体。

图 1-8　　　　　　　　图 1-9

图 1-11

1.1.2 文档窗口、画板及状态栏

文档窗口是绘制和编辑图稿的区域，其中包含了画板和状态栏等。

1. 文档窗口

图 1-10 所示为 Illustrator 的工作界面。每新建或打开一个文档，便会创建一个文档窗口。文档窗口与 IE 浏览器的窗口类似，默认情况下以选项卡的形式停放，也可以拖曳出来使之成为浮动窗口，如图 1-11 所示。浮动文档窗口可以移动位置、调整大小。文档选项卡或文档窗口标题栏显示了文件名（右上角有"★"符号的，表示文档尚未保存）、视图比例、颜色模式和视图模式等信息。

图 1-10

2. 画板

在设计工作中，通常要制作多个图稿，使用画板可以将所有图稿放在一个文档中，如图 1-12 所示。这样不仅无须切换文件，图稿的复制和修改也十分方便。

图 1-12

创建和编辑画板

● 创建画板：创建文档时，可以在"新建文档"对话框中设置画板数量。此外，选择画板工具，在文档窗口的空白处拖曳鼠标，也可以创建画板。

● 复制画板：使用画板工具单击画板，单击控制栏中的按钮，可以复制出一个空白画板；单击控制栏中的按钮，之后按住 Alt 键拖曳画板，可以复制出包含图稿的画板。

13

● **移动画板**：使用画板工具拖曳画板，可移动其位置。

● **调整画板大小**：使用画板工具 单击画板，会显示定界框及控制点，拖曳控制点可以调整画板大小，如图 1-13 所示。如果要准确定义画板的尺寸，可以在控制栏或"属性"面板的"宽"和"高"选项中输入数值并按 Enter 键。

图 1-13

● **修改画板方向**：使用画板工具 单击画板后，单击控制栏中的"纵向"按钮 或"横向"按钮 ，可以修改画板的方向。

● **删除画板**：使用画板工具 单击画板，单击控制栏中的 按钮或按 Delete 键，可将其删除。

3. 状态栏

文档窗口底部是状态栏，其左端的文本框中显示了视图比例。单击右端的 按钮打开下拉菜单，在"显示"子菜单中可以选择在状态栏中显示哪些信息。

1.1.3 菜单栏

Illustrator 有 9 个主菜单，如图 1-14 所示。菜单中不同用途的命令间用分隔线隔开。当鼠标指针悬停在带有箭头的命令上时，可以打开子菜单，如图 1-15 所示。单击其中的命令，即可执行命令。如果命令是灰色的，则表示在当前状态下不能使用。

图 1-14

图 1-15

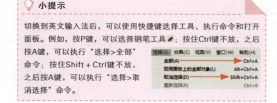

💡 **小提示**

切换到英文输入法后，可以使用快捷键选择工具、执行命令和打开面板。例如，按P键，可以选择钢笔工具 ；按住Ctrl键不放，之后按A键，可以执行"选择>全部"命令；按住Shift + Ctrl键不放，之后按A键，可以执行"选择>取消选择"命令。

💡 **小提示**

在文档窗口、选中的对象或面板上单击鼠标右键，可以打开快捷菜单，其中显示的是与当前操作有关的命令。

1.1.4 工具栏

Illustrator 中的工具较多，默认状态下，工具栏中只显示常用工具，如图 1-16 所示。执行"窗口 > 工具栏 > 高级"命令，可以显示所有工具，如图 1-17 所示。

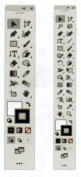

图 1-16   图 1-17

按用途的不同可以将工具分为选择、绘制、文字、上色、修改和导航6个大类，如图 1-18 所示。

图 1-18

需要使用一个工具时，在工具栏中单击它即可。右下角有三角形图标的是工具组。在工具组上按住鼠标左键，可以显示其中隐藏的工具，如图 1-19 所示；将鼠标指针移动到一个工具上并释放鼠标左键，可以选择该工具，如图 1-20 所示。将鼠标指针停放在工具上，则会显示工具的名称、快捷键和使用方法动画。

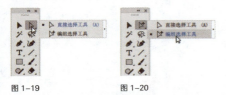

图 1-19　　　　　　　图 1-20

如果某个工具组使用率较高，可在将其展开后单击右侧的按钮，如图 1-21 所示，打开包含该工具组的面板，如图 1-22 所示，然后拖曳面板顶部，将其移动到合适的位置。如果拖曳到工具栏边界，可与工具栏停放在一起，如图 1-23 和图 1-24 所示。

图 1-21　　　　　　　图 1-22

图 1-23　　　　图 1-24

单击工具栏顶部的 ◀◀（或 ▶▶）按钮，可将其切换为单列（或双列）显示。在其顶部拖曳，可以移动工具栏。

1.1.5 控制栏

选择一个工具后，大多可以在控制栏中设置选项，让工具符合使用需要。选择对象后，则可在控制栏中 ⌄ 按钮和下方带有虚线的文字上单击，显示下拉面板或下拉菜单等，如图 1-25 所示。在下拉面板外单击，可将其关闭。

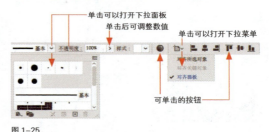

图 1-25

1.1.6 面板组

Illustrator 中很多操作需要配合使用面板才能完成。在"窗口"菜单中选择命令可以打开相应的面板。

1. 面板组

默认状态下，面板以组的形式停靠在工作界面右侧。每个组中只显示一个面板，如图 1-26 所示。在未显示的面板名称上单击，可令其显示，如图 1-27 所示。

图 1-26　　　　　　　图 1-27

2.折叠/展开面板组

单击最上方面板组右上角的 ▶▶ 按钮，所有面板会折叠起来，只显示图标，如图1-28所示，单击图标可展开或重新折叠相应的面板，如图1-29所示。在折叠状态下，向左拖曳面板组的左边界，可以显示面板名称，如图1-30所示。

图1-28 图1-29　　　　　　　　　　　　图1-30

3.组合/拆分面板

将鼠标指针放在一个面板的名称上，将其拖曳至另一个面板组的选项卡上，可重新配置面板组，如图1-31和图1-32所示；拖曳到面板组外，可将其分离出来，成为浮动面板。

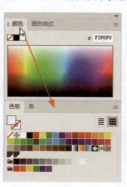

图1-31　　　　　　　　　图1-32

4.连接面板

将一个面板拖曳到另一个面板的下方，当出现蓝色提示线时，如图1-33所示，释放鼠标左键，可将它们连接在一起，如图1-34所示。此后拖曳面板的标题栏，可以移动所有连接的面板，如图1-35所示。单击个别面板顶部的 ◘ 按钮，或双击面板名称，可逐级隐藏或显示面板，如图1-36和图1-37所示。双击顶部不带 ◘ 按钮的面板名称可将面板最小化，如图1-38所示；再次双击，可以重新展开面板。

图1-33　　　　　图1-34　　　　　图1-35

图1-36　　　　　图1-37　　　　　图1-38

5.面板菜单

单击面板右上角的 ≡ 按钮，可以打开面板菜单，如图1-39所示。

6.关闭面板

在面板的选项卡上单击鼠标右键，打开快捷菜单，如图1-40所示，执行"关闭"命令，可以关闭当前面板；执行"关闭选项卡组"命令，可关闭当前面板组。如果要关闭浮动面板，单击其右上角的 ✕ 按钮即可。

图1-39　　　　　图1-40

1.1.7 定义工作区

配置好面板后，执行"窗口>工作区>新建工作区"命令，可将其保存为一个工作区。这样以后如果移动或关闭了某些面板，即改变了原有工作区，可在"窗口>工作区"子菜单中找到该工作区，将面板恢复到原有位置。

1.1.8 查看图稿

在 Illustrator 中让图稿完整显示，如图 1-41 所示，可以查看其整体情况。需要观察和处理图稿细节时，就需要放大局部，可以通过以下方法操作。

图 1-41

1. 缩放工具

选择缩放工具 🔍，向右拖曳鼠标可以放大视图比例，同时鼠标指针移动轨迹上的图稿部分会出现在画面中心，如图 1-42 所示。向左拖曳可以缩小视图比例。

图 1-42

2. 抓手工具

放大视图比例后，可以使用抓手工具 ✋ 将画面移动到需要编辑的位置，如图 1-43 所示。使用绝大多数工具时，都可按住空格键临时切换为抓手工具 ✋，释放空格键会恢复为原工具。

3. "导航器"面板

如果视图的放大比例较高，用抓手工具 ✋ 移动画面时，需要多次操作才能到达目标位置。

在这种情况下，可以拖曳"导航器"面板中的红色矩形来快速移动画面，如图 1-44 所示。

图 1-43

图 1-44

4. "视图"菜单命令

"视图"菜单中有专门用于调整视图比例的命令，并提供了快捷键，如图 1-45 所示。例如，当需要放大视图时，可以按住 Ctrl 键，之后连续按 + 键，视图就会逐级放大。

放大(Z)	Ctrl++
缩小(M)	Ctrl+-
画板适合窗口大小(W)	Ctrl+0
全部适合窗口大小(L)	Alt+Ctrl+0
旋转视图	>
重置旋转视图	Shift+Ctrl+1
针对所选对象旋转视图	
显示切片(S)	
锁定切片(K)	
隐藏定界框(J)	Shift+Ctrl+B
显示透明度网格(Y)	Shift+Ctrl+D
实际大小(E)	Ctrl+1

图 1-45

如果想查看图稿的实际大小，可执行"视图 > 实际大小"命令。在这种状态下，文档中每个对象的大小都是对象物理大小的实际表示。例如，打开 A4 大小的文件并进行上述操作，画板大小将变为实际的 A4 纸张大小。

1.2 矢量图与位图

计算机图形图像领域有两大类软件：一类是编辑图像的位图软件，如 Photoshop；另一类是绘制矢量图的软件，Illustrator 便是其中的代表。

1.2.1 课堂案例：制作名片

视频位置	多媒体教学 >1.2.1 制作名片 .mp4
技术掌握	使用图像描摹功能将位图转换为矢量图

在设计工作中，经常会有描摹 Logo 和图案等依照图像绘制矢量图的任务，这些工作通常都较为烦琐。使用 Illustrator 的图像描摹功能可以解决这一难题，它能从位图生成矢量图，快速将照片和图片等转变为矢量图稿。下面使用该功能制作名片，如图 1-46 所示。

图 1-46

01 按 Ctrl+O 快捷键，打开文件。执行"文件 > 置入"命令，打开"置入"对话框，选择图 1-47 所示的图像素材，按 Enter 键关闭对话框。在画板上单击，将图像置入当前文档中，如图 1-48 所示。

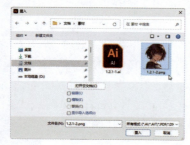

图 1-47

图 1-48

02 单击控制栏中的"图像描摹"按钮，将图像转变为黑白图稿，如图 1-49 所示。单击"扩展"按钮，将图稿转换为矢量图形。在空白处单击取消选择。选择魔棒工具 ，在图 1-50 所示的位置单击，选中白色图形，按 Delete 键删除。

图 1-49　　　　　　　图 1-50

03 使用选择工具 将图稿拖曳到右侧的画板上，如图 1-51 所示。选择吸管工具 ，在紫色三角形上单击，拾取它的颜色作为头像的填充色，如图 1-52 所示。

图 1-51

图 1-52

1.2.2 矢量图与位图的区别

矢量图是由一系列数学公式定义的图形，其基本构成单位为锚点和路径，如图 1-53 所示。

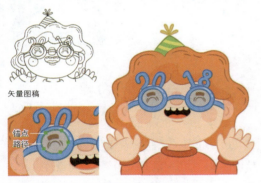

矢量图稿

锚点——
路径——

为矢量图稿填色和描边及添加效果后制作成的矢量插画
图 1-53

矢量图的优点是可以无损编辑，即无论怎样旋转、放大或进行其他编辑，图形都清晰如初，因而可以任意变换尺寸，或者以不同的分辨率印刷。由于具有这一优点，矢量图常用于图标、Logo、UI、字体设计和插画制作。

数码相机拍摄的照片、网页上的图片、从视频中截取的图像等属于位图，其基本构成单位为像素。与矢量图相比，位图可以细腻地呈现现实世界中的所有色彩和景物。但由于受到关键要素（分辨率）的制约，位图在旋转和放大时清晰度会变差，如图 1-54 所示。

由此可见，位图的最大缺点也是矢量图的最大优点，二者是互补的。要想成为一名优秀的平面设计师，位图和矢量图这两种类型的软件都需要掌握并熟练使用。

原图及放大 400% 后的图像局部（图像有些模糊了）
图 1-54

此外，在绘制和修改图形方面，矢量图软件更容易操作。在三维软件中，模型的渲染运用的也是矢量技术。此外，矢量文件占用的存储空间较小。不过，位图受到绝大多数软件和显示设备的支持，矢量图则相对没有那么广泛。

1.3 文档编辑

在 Illustrator 中创建空白文档，就像是铺上了一张干净的画布，可以从零开始进行创作。编辑一个文件，则像是厨师烹饪，能让平凡的食材变为令人垂涎的美味。

1.3.1 课堂案例：美装类商业海报

视频位置	多媒体教学 >1.3.1 美装类商业海报 .mp4
技术掌握	学习在 Illustrator 文档中置入新的文件，以及替换文件

下面使用置入和链接功能制作一幅商业海报，如图 1-55 所示，从中可以学到如何正确、高效地替换设计素材，制作出不同风格的作品。

图 1-55

01 按 Ctrl+O 快捷键，打开背景素材，如图 1-56 和图 1-57 所示。

图 1-56

图 1-57

02 执行"文件 > 置入"命令，选择图 1-58 所示的素材，按 Enter 键关闭对话框。在画板上单击，置入文件，如图 1-59 所示。

图 1-58

图 1-59

03 采用同样的方法将图 1-60 所示的素材置入当前文档中，如图 1-61 所示。

图 1-60

图 1-61

04 需要置换其中的素材时，如想替换模特，可以在"链接"面板中单击它，如图 1-62 所示，然后单击"重新链接"按钮 🔗，如图 1-63 所示，打开"置入"对话框后，选择用于替换的素材，如图 1-64 所示，单击"置入"按钮即可替换，

如图 1-65 所示。

图 1-62

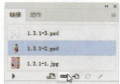

图 1-63

图 1-64

图 1-65

1.3.2 创建空白文件

如果想在 Illustrator 中创建一个空白文件，可以执行"文件 > 新建"命令（快捷键为 Ctrl+N），打开"新建文档"对话框进行设置，如图 1-66 所示。

图 1-66

"新建文档"对话框介绍

● **预设**：不同行业及不同的设计任务对文件的尺寸、颜色模式等的要求也各不相同。"新建文档"对话框最上方的"移动设备""Web""打印"等选项卡中包含了不同类型的文件预设，直接拿来使用便可创建符合设计要求的文档。

- **宽度/高度**：可以输入文件的宽度和高度，其单位包括"像素""点""英寸""派卡""厘米""毫米"等。其中"毫米"较为常用。

- **方向**：可根据设计需要单击📱按钮或📱按钮，将文档中的画板设置为纵向或横向。

- **画板**：可以设置画板数量。

- **出血**：如果图稿用于印刷，可以在"出血"选项中指定画板每一侧的出血位置（出血是指超出裁切标记的区域，设置出血以后，可以确保在最终裁切后有出血图的页面上不会出现白边）。

- **颜色模式**：可以根据图稿的用途选择一种颜色模式。图稿如果用于打印或印刷，如宣传单、画册、海报、书籍和杂志等，以及用于 VI 设计，如 Logo、标准字、名片等，应使用 CMYK 模式；非印刷类图稿，如用于手机、计算机屏幕显示的 App、UI、网页等，则使用 RGB 模式。

- **光栅效果**：可以为文档中的栅格类效果指定分辨率。分辨率越高，"投影""羽化""外发光"等效果的层次和变化越细腻，但也会占用更多的内存。如果需要将图稿以较高分辨率输出到高端打印机中，此选项设置为"高（300 ppi）"。

- **预览模式**：可以为文档选择一种预览模式。选择"默认值"选项，表示显示彩色图稿；选择"像素"选项，可以显示图稿的栅格化（像素化）外观，但实际上不会对内容进行栅格化；选择"叠印"选项，可以提供"油墨预览"，即模拟混合、透明和叠印在分色输出中的显示效果。

1.3.3 打开文件

如果要编辑计算机中的 AI 格式文件，可以执行"文件 > 打开"命令（快捷键为 Ctrl+O），弹出"打开"对话框，如图 1-67 所示，单击文件（按住 Ctrl 键单击可选择多个文件）后，单击"打开"按钮或按 Enter 键，即可在 Illustrator 中将其打开。此外，在主页的"最近使用项"及"文件 > 最近打开的文件"子菜单中可以单击打开最近使用过的文件。

图 1-67

> 💡 **小提示**
>
> 在计算机的文件夹中，如果AI、EPS、PSD等格式的文件无法直接预览，会给查找和管理素材带来不便。执行"文件>在Bridge中浏览"命令运行Bridge，使用它可预览Illustrator支持的所有格式的文件。双击AI格式的文件，还可在Illustrator中将其打开。

1.3.4 置入文件

Illustrator 不仅可以绘制矢量图形，还能处理图像、PDF 文件和 AutoCAD 文件等。除可将这些文件打开外，还可通过置入的方法将各种素材置入现有的 Illustrator 文件中。

1. 链接与嵌入

执行"文件 > 置入"命令，可以将 JPG、PSD、AI、GIF 等格式的外部文件置入 Illustrator 文件中。操作时会打开"置入"对话框，如图 1-68 所示。对话框中的"链接"选项较为重要，它决定了文件的存在方式，即链接还是嵌入。

图 1-68

取消勾选"链接"选项，图稿将嵌入并存储于 Illustrator 文件中，因而文件的"体量"会变大，但可编辑性更好。例如，嵌入 AI 格式的文件时，其中的图形都可以选择和修改，如图 1-69 所示。嵌入 PSD 格式的文件时，也会保留其中的图层和组。

图 1-69

勾选"链接"选项，则置入的文件与 Illustrator 文件各自独立，置入文件的所有内容将作为一个整体，因而不能修改其中的部分内容，如图 1-70 所示。

图 1-70

2. 嵌入与取消嵌入

如果想将链接的文件嵌入 Illustrator 文件中，只需使用选择工具▶单击它，再单击控制栏中的"嵌入"按钮即可。如果想将嵌入的文件转换为链接状态，可将其选中，然后单击控制栏中的"取消嵌入"按钮，在弹出的"取消嵌入"对话框中选择保存路径。

3. 重新链接

链接图稿后，如果源文件的名称、存储位置等发生了改变，或者文件被删除，"链接"面板中该图稿的缩览图右侧会出现 状图标，如图 1-71 所示。这种情况需要重新建立链接，

文件才能被使用。

图 1-71

单击"链接"面板底部的 按钮，在打开的对话框中找到源文件，单击"置入"按钮可以重新建立链接。

如果链接图稿的源文件只是被编辑过，其缩览图的右侧会出现 状图标，单击面板底部的 按钮可以使其更新到最新状态。

1.3.5 保存文件

用正确的方法保存文件可以避免因出现意外而丢失劳动成果。例如，在 Illustrator 中对文件进行编辑时，操作初期，最好以 AI 格式将文件存储起来；编辑过程中，每次完成重要操作后，都应按 Ctrl+S 快捷键存储文件。

1. 保存文件

执行"文件 > 存储"命令（快捷键为 Ctrl+S），打开"存储为"对话框，输入文件名称并选择文件格式和存储路径，如图 1-72 所示，单击"保存"按钮或按 Enter 键，即可保存文件。

图 1-72

2. 另存文件

如果想在其他位置另存一份文件，可以执行"文件 > 存储为"命令（快捷键为 Shift+Ctrl+S）将文件另存。通过这种方法还可以为文件设置另外的名称及选择其他格式。

3. 存储副本

如果图稿尚未完成，但想将当前结果存储为一份文件，可以执行"文件 > 存储副本"命令（快捷键为 Alt+Ctrl+S），保存一个副本文件（其名称的后方有"_ 复制"字样）。

4. 常用文件格式

文件格式决定了数据的存储方式（如作为位图还是矢量图）、支持哪些 Illustrator 功能、是否压缩，以及能否被其他软件使用。

● **AI 格式**：AI 是 Illustrator 原始文件的格式，其意义与 Photoshop 中的 PSD 格式类似。将文件存储为这种格式后，任何时候打开都可以修改其中的图形、色板、图案、渐变、文字等内容。Photoshop 可以编辑 AI 格式的文件。

● **PDF 格式**：能将文字、字形、格式、颜色、图形和图像等封装在文件中，还能包含超链接、声音和动态影像等电子信息，主要用于电子书、产品说明、公司文告、网络资料、电子邮件等。如果想浏览 PDF 文件，可以使用 Adobe Reader。

● **EPS 格式**：EPS 是一种用于高质量打印的专业打印格式，几乎所有页面版式、文字处理和图形软件都支持该格式。EPS 文件可以包含矢量图和位图。如果图稿中包含多个画板，将其存储为 EPS 格式时也会保留这些画板。

● **AIT 格式**：选择此格式可以将文件存储为模板。此后执行"文件 > 从模板新建"命令，选择该模板并创建文档时，模板中包含的资源，如图形、字体、段落样式、图形样式、符号、裁切标记、参考线等会自动加载到新建的文档中，这样就可以在其基础上绘图。

● **SVG 格式**：SVG 是一种可以产生高质量、交互式 Web 图形的矢量格式。它有两种版本：SVG 和 SVG 压缩（SVGZ）。SVGZ 格式可以将文件大小减小 50% 至 80%，但是不能使用文本编辑器编辑。

1.3.6 关闭文件

完成图稿的编辑并进行保存后，单击文档选项卡或浮动文档窗口右上角的 × 按钮，可以关闭文件。如果同时打开了多个文件，可以执行"文件 > 关闭全部"命令，一次性关闭所有文件。

1.3.7 撤销操作与恢复文件

使用 Illustrator 时，谁都无法避免操作出现失误。这不要紧，使用菜单栏中的命令可以对操作进行撤销。

1. 撤销操作

如果操作出现失误，或对当前效果不满意，可以执行"编辑 > 还原"命令撤销操作。该命令的快捷键为 Ctrl+Z，连续按可依次向前撤销操作。

2. 恢复被撤销的操作

如果想恢复被撤销的操作，可以执行"编辑 > 重做"命令（快捷键为 Shift+Ctrl+Z）。如果想将文件直接恢复到最后一次保存时的状态，可以执行"文件 > 恢复"命令。

3. 恢复文件

如果计算机的内存较小，编辑复杂对象时，Illustrator 可能会因内存不够而闪退，但数据不会丢失。重启 Illustrator 时，会弹出一个提示，单击"确定"按钮，可以将闪退前的文件恢复过来。但此时应将文件保存起来（使用"文件 > 存储为"命令），以防止再出现其他意外情况。

1.4 课后习题

通过本章的学习，相信读者对 Illustrator 有了初步的认识。完成下面的课后习题，可以巩固本章所学知识，也能帮助读者更好地设置 Illustrator。

1.4.1 问答题

1. 矢量图与位图是完全不同的两种对象，二者主要有哪些区别？

2. 创建文档时，怎样根据文档的用途选择文件预设？

3. 图稿保存为哪种格式以后修改时更方便？需要与 Photoshop 交换文件时，使用哪种格式的文件可编辑性最好？

1.4.2 操作题：修改首选项

视频位置	多媒体教学 >1.4.2 修改首选项 .mp4
技术掌握	修改首选项，让 Illustrator 更加高效地运行

修改 Illustrator 的首选项能让软件更加高效地运行。例如，即使遇到特殊情况，如 Illustrator 意外关闭，也不会丢失或损坏文件。

01 执行"编辑 > 首选项 > 性能"命令，打开"首选项"对话框。如果计算机的内存充裕，可以增加"历史记录状态"的保存数量，如图 1-73 所示。它的用处在于：编辑图稿时，用户的每一步操作都会被记录在"历史记录"面板中，如图 1-74 所示。单击其中的一个步骤，便可将文档恢复到该步骤所记录的状态。因此，历史记录越多，撤销操作的空间越大。

图 1-73   图 1-74

02 单击对话框左侧的"文件处理"选项卡，在这里可以设置后台自动存储的时间及文件保存位置，如图 1-75 所示。后台自动存储是一项非常贴心的功能。当用户将文档保存为 AI 格式后，对其进行编辑时，系统默认每隔 2 分钟会自动保存一次文档。如果出现断电或其他情况而导致 Illustrator 关闭，再次运行该软件时，会自动加载文档并恢复到最后一次存储时的状态。

图 1-75

1.4.3 操作题：重新配置工具栏

视频位置	多媒体教学 >1.4.3 重新配置工具栏 .mp4
技术掌握	通过自定义工具栏，让工具更加得心应手

工具取用方便，操作时才能得心应手。本习题讲解怎样根据自己需要配置工具栏。

01 单击工具栏中的 ••• 按钮，弹出下拉面板，如图 1-76 所示。将不常用的工具拖曳到此面板中，工具栏中就不再显示这些工具。

02 执行"窗口 > 工具栏 > 新建工具栏"命令，可以创

图 1-76

建一个工具栏，此后可根据自己的使用习惯从下拉面板中将常用工具拖曳到该工具栏中，如图 1-77 所示；拖曳到一个工具上，则可将它们创建为工具组，如图 1-78 和图 1-79 所示。

图 1-77   图 1-78   图 1-79

第 2 章

Illustrator 基本操作

本章导读

初学者在学习 Illustrator 时，首先要掌握图层、选择移动与编组、对齐与分布、变换与扭曲等基础操作，这些操作是 Illustrator 的基石，类似于学习画画时必须学会用画笔、颜料和调色板一样。打好基础之后，可以更好地进一步学习绘图。

本章学习要点

1. 调整对象的堆叠顺序

2. 选择对象

3. 移动对象

4. 编组

5. 对齐与均匀分布对象

6. 蒲公英图案

2.1 图层

图层就像是画画时用的透明纸一样，每个图层都能包含一个或多个图形或其他对象。将不同的对象放在不同图层中，可以随时对某个图层中的对象进行编辑，而不影响其他图层中的对象。图层不仅承载了对象，还能控制其堆叠顺序、是否显示等。

2.1.1 课堂案例：纸雕效果

视频位置	多媒体教学 >2.1.1 纸雕效果 .mp4
技术掌握	通过为图层添加效果，让图层中的对象呈现立体感

本例通过制作一个纸雕来学习图层的使用方法。纸雕的立体效果不仅巧妙地展现了深邃的太空，也为作品赋予了一种引人入胜的层次感，如图 2-1 所示。

图 2-1

01 按 Ctrl+O 快捷键，打开插画素材，如图 2-2 所示。单击"图层"面板中的 按钮，创建一个图层，如图 2-3 所示。

图 2-2

图 2-3

02 选择选择工具 ，将鼠标指针移动到图 2-4 所示的位置，向右下方拖曳，如图 2-5 所示，

将 3 个背景图形选中，如图 2-6 所示。

图 2-4

图 2-5

图 2-6

03 将鼠标指针移动到"图层"面板中的 图标上，如图 2-7 所示，将其拖曳到新建的"图层 2"上，如图 2-8 所示，通过这种方法可以将所选的 3 个图形移动到"图层 2"中，如图 2-9 所示。

图 2-7

图 2-8

图 2-9

04 将鼠标指针移动到"图层 2"上，如图 2-10 所示，将其向下拖曳至"图层 1"下方，如图 2-11 所示，释放鼠标左键后，"图层 2"会调整到"图层 1"下方，如图 2-12 所示。通过以上操作，我们将 3 个背景图形放在了一个图层中，并使该图层位于底层。下面就可以为该图层添加效果，而不影响其他图层中的对象了。

图 2-10　　　　　　图 2-11

图 2-12

05 执行"效果 > 风格化 > 内发光"命令，打开"内发光"对话框，参数设置如图 2-13 所示，生成立体纸雕效果，如图 2-14 所示。

图 2-13　　　　　　图 2-14

2.1.2　"图层"面板

"图层"面板用于创建和管理图层及子图层，如图2-15所示。在该面板中，图层及子图层有名称和标记，其中被刷上底色的是当前图层，即当前创建或选中对象所在的图层。图层左端是眼睛图标 ⊙ ，用来控制图层是否显示；颜色条代表了图层颜色，以方便查找图层和对象的对应关系，选择页面上的对象时，所选对象的定界框会显示此颜色；缩览图显示了图层中所包含的图稿。

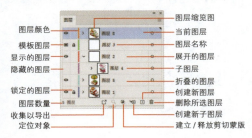

图层颜色　　　　　　　　图层缩览图
模板图层　　　　　　　　当前图层
显示的图层　　　　　　　图层名称
隐藏的图层　　　　　　　展开的图层
锁定的图层　　　　　　　子图层
图层数量　　　　　　　　折叠的图层
收集以导出　　　　　　　创建新图层
定位对象　　　　　　　　删除所选图层
　　　　　　　　　　　　创建新子图层
　　　　　　　　　　　　建立 / 释放剪切蒙版

图 2-15

当图层数量较多时，"图层"面板不能一次显示所有图层，拖曳面板右侧的滚动条，或将鼠标指针放在图层上滚动鼠标滚轮，可逐一显示各个图层，如图 2-16 所示。

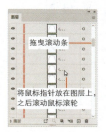

拖曳滚动条

将鼠标指针放在图层上，之后滚动鼠标滚轮

图 2-16

2.1.3　创建 / 删除图层和子图层

在 Illustrator 中新建文档时，会自动创建一个图层，即"图层 1"。开始绘图后，会自动添加子图层，用以承载对象。需要添加新的图层或子图层时，可以采用下面的操作方法。

1. 创建图层或子图层

单击"图层"面板中的 按钮可以创建一个图层，如图 2-17 所示。单击 按钮，可在这一图层中创建一个子图层，如图 2-18 所示。

图 2-17　　　　　　图 2-18

💡 **小提示**

将一个图层或子图层拖曳到 按钮上，可将其复制出一份。

2. 整理图层

在编辑复杂的图稿时，子图层的数量会非常多，可以根据用途对它们进行归类并放在不同的图层中，如图 2-19 和图 2-20 所示。单击图层名称前方的 按钮可以折叠图层，整个图层列表就会得以简化，如图 2-21 所示。这样也方便查找和管理对象。

图 2-19

图 2-20

图 2-21

3. 删除图层或子图层

　　单击一个图层或子图层，再单击 🗑 按钮，可以将其删除。此外，也可将图层或子图层拖曳到 🗑 按钮上直接删除，如图 2-22 和图 2-23 所示。删除图层时，会同时删除其所有子图层；而删除子图层时，不会影响其他子图层，如图 2-24 所示。

图 2-22

图 2-23

图 2-24

2.1.4 修改图层的名称和颜色

　　通过重新命名及修改颜色的方法，可以提高重要对象所在的图层或子图层的识别度，使其更易选择。

1. 修改图层或子图层的名称

　　在图层或子图层的名称上双击，显示文本框后输入新名称并按 Enter 键确认，可以修改其名称，使其更容易被识别，如图 2-25 和图 2-26 所示。

图 2-25　　　　　　　　图 2-26

2. 修改图层的颜色

　　双击一个图层，打开"图层选项"对话框，可以为其选择一种颜色。修改后，当该图层中的对象被选中时，定界框、路径、锚点和中心点等都会显示为此颜色，如图 2-27 和图 2-28 所示。这样既便于区分对象，也可通过颜色判断对象位于哪一图层。

图 2-27　　　　　　　　图 2-28

2.1.5 选择与合并图层

　　当图层数量过多时，可以选择同类图层进行合并。

1. 选择图层

单击一个图层，即可选择该图层，如图 2-29 所示。所选图层被称为"当前图层"。

2. 选择多个图层

按住 Ctrl 键单击多个图层，可以将它们一同选中，如图 2-30 所示。按住 Shift 键分别单击两个图层，可将二者及其中间的所有图层一同选中，如图 2-31 和图 2-32 所示。

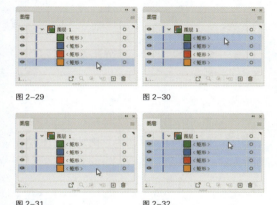

图 2-29　　　　　　图 2-30

图 2-31　　　　　　图 2-32

3. 合并所选图层

选中多个图层后，打开"图层"面板菜单，执行"合并所选图层"命令，可以将它们合并到最后选择的那一个图层中。

不论是否选中图层，打开"图层"面板菜单，执行"拼合图稿"命令，所有图层会拼合到一个图层中。

2.1.6 调整对象的堆叠顺序

在 Illustrator 中绘图时，最先创建的对象位于底层，之后创建的对象会依次堆叠在其上层，就像盖大楼一样逐层向上构建。不过，可以根据需要调整对象的堆叠顺序。

1. 用拖曳的方法调整

在"图层"面板中，子图层顺序与图稿中对象的堆叠顺序完全一致。拖曳子图层（或图

层），可以调整其上下顺序，如图 2-33 和图 2-34 所示。通过这种方法也能将一个图层或子图层移入其他图层。

图 2-33

图 2-34

2. 用命令调整

选择对象后，可以使用"对象 > 排列"子菜单中的命令来调整其堆叠顺序，如图 2-35 所示。

图 2-35

"排列"子菜单命令介绍

- **置于顶层**：将所选对象移至当前图层或当前组中所有对象的顶部。

- **前移一层/后移一层**：将所选对象向上或向下移动一层。

- **置于底层**：将所选对象移至当前图层或当前组中所有对象的下方。

- **发送至当前图层**：单击"图层"面板中的一个图层，再执行该命令，可将所选对象移动到当前图层中。

2.1.7 快速定位对象

选择画板上的对象后，如图 2-36 所示，如果想知道它位于哪个图层中，可以单击"图层"面板中的"定位对象"按钮 ，如图 2-37 所示。该技巧对于定位复杂和重叠图稿中的对象非常有用。

图 2-36   图 2-37

2.1.8 显示或隐藏对象

如果上层对象遮挡下层对象，使其难以选择，可以单击上层对象所在子图层的眼睛图标 ，隐藏子图层及对象，如图 2-38 和图 2-39 所示。如果想隐藏某个图层中的所有对象，可在该图层的眼睛图标 上单击，对象所在子图层的眼睛图标会变为灰色 ，如图 2-40 所示。需要重新显示图层或子图层，在原眼睛图标处单击即可。

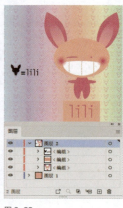

图 2-38   图 2-39

图 2-40

按住 Alt 键单击一个图层的眼睛图标 ，可隐藏其他图层，如图 2-41 所示。

从一个图层的眼睛图标 处上下拖曳，可以同时隐藏相应的图层，如图 2-42 所示。在原眼睛图标处采用相同的方法操作，能让相应图层重新显示。

图 2-41   图 2-42

2.1.9 锁定对象

编辑图稿时，如果想保护某个对象，使其不会被选中和修改，可将其锁定。

1. 通过图层锁定对象

在一个子图层的眼睛图标 右侧单击，可将其锁定，如图 2-43 所示。当图层被锁定时，也会锁定其所有子图层上的对象，如图 2-44 所示。

图 2-43   图 2-44

2. 通过命令锁定对象

执行"对象 > 锁定 > 所选对象"命令（快捷键为 Ctrl+2），可以将所选对象锁定。

执行"对象 > 锁定 > 上方所有图稿"命令，可以将与所选对象重叠且位于上方的所有对象锁定。

执行"对象 > 锁定 > 其他图层"命令，可以将所选对象所在图层之外的其他图层锁定。

3. 解除锁定

如果想编辑被锁定的对象，可以单击锁状图标🔒，解除锁定。如果要解锁文档中的所有对象，可以执行"对象 > 全部解锁"命令（快捷键为 Alt+Ctrl+2）。

2.2 选择、移动与编组

在 Illustrator 中编辑对象时，第一步要做的是选择对象，之后才能移动、修改对象或进行其他编辑。

2.2.1 课堂案例："雪乡"冰雪字

视频位置	多媒体教学 >2.2.1 "雪乡"冰雪字 .mp4
技术掌握	使用移动并复制对象的方法制作冰雪效果立体字

本例使用选择工具 ▶ 通过移动并复制对象的方法制作立体字图形，如图 2-45 所示。

图 2-45

01 打开素材，如图 2-46 所示。选择选择工具 ▶，拖曳鼠标，拖出一个选框，将"雪乡"二字图形选中，如图 2-47 所示。

图 2-46

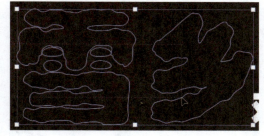

图 2-47

02 按 Ctrl++ 快捷键，将视图比例调大。将鼠标指针移动到"雪"字图形左上角，如图 2-48 所示，按住 Alt 键向左上方拖曳鼠标，复制出一份图形，如图 2-49 所示。

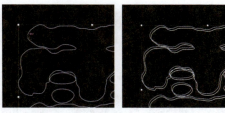

图 2-48   图 2-49

03 按 7 次 Ctrl+D 快捷键继续复制出多份图形，如图 2-50 所示。

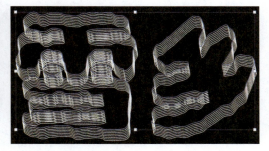

图 2-50

04 单击"颜色"面板中的填色按钮🔲，如图 2-51

所示，将填色设置为当前编辑状态，然后在白色色板上单击，为顶层图形填充白色，如图 2-52 和图 2-53 所示。图 2-54 所示为整体效果。执行"文件 > 存储"命令，以 AI 格式保存文件。

图 2-51　　　　　　　　　　图 2-52

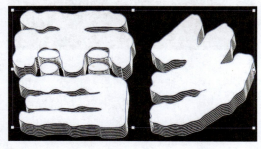

图 2-53

图 2-54

2.2.2 选择对象

选择对象时，可根据对象的特点来决定使用哪种工具和方法。

1. 用选择工具选择对象

选择选择工具 ▶，将鼠标指针移动到对象上（鼠标指针会变为 ▶ 状），如图 2-55 所示，单击即可选择对象，所选对象周围会显示定界框，如图 2-56 所示。按住 Shift 键单击其他对象，可将其一同选中，如图 2-57 所示。如果要取消选

择某些对象，可以按住 Shift 键再次单击它们。此外，选择多个对象时，可以拖曳出一个矩形选框，如图 2-58 所示，将选框内的所有对象选中。

图 2-55　　　　　　　　　　图 2-56

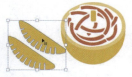

图 2-57　　　　　　　　　　图 2-58

2. 用魔棒工具选择对象

使用魔棒工具 ✦ 和"魔棒"面板可以同时选取具有相同特征的对象。例如，在"魔棒"面板中勾选"填充颜色"选项，如图 2-59 所示，然后使用魔棒工具 ✦ 在一颗樱桃上单击，可以将相同填充颜色的樱桃一同选中，如图 2-60 所示。

图 2-59　　　　　　　　　　图 2-60

"魔棒"面板介绍

● 填充颜色/容差：勾选"填充颜色"选项，可以选择具有相同填充颜色的对象。该选项的"容差"值决定了符合选择条件的对象与要单击对象的填充颜色的相似程度。"容差"值越低，所选对象与要单击对象就越相似。其他选项中"容差"值的用途也是如此。

● 描边颜色/描边粗细：可以选择具有相同描边颜色或描边粗细的对象。

● **不透明度/混合模式**：可以选择具有相同不透明度或混合模式的对象。

3. 通过图层选择对象

当多个对象堆叠在一起时，通过"图层"面板可以快速、准确地选择对象。

在一个对象所在图层的选择列上（即○状图标处）单击，可将其选中，如图 2-61 所示。要选择多个对象，可以按住 Ctrl 键在相应的选择列上单击，如图 2-62 所示。

图 2-61

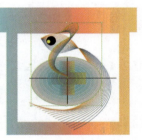

图 2-62

在组的选择列上单击，可以选择组中的所有对象，如图 2-63 所示。

图 2-63

在图层的选择列上单击，可以选择图层上的所有对象，如图 2-64 所示。

图 2-64

> **小提示**
>
> 对于一个图层来说，当只有部分子图层或组被选中时，○图标会变为◉状；如果所有的子图层、组都被选中，则会变为◉状。

4. 反向、取消与恢复选择

选中对象后，执行"选择>反向"命令，可以将之前未被选中的对象选中，同时取消选择原有对象。

执行"选择>取消选择"命令或按住 Ctrl 键在空白处单击，可以取消选择。

如果想恢复上一次的选择，可以执行"选择>重新选择"命令。

2.2.3 移动对象

在 Illustrator 中移动对象就像在拼图中移动图块一样，这是对画面进行布局的基本技能。

1. 移动

选择选择工具▶，将鼠标指针移动到对象上，鼠标指针会变为▶状，如图 2-65 所示，拖曳鼠标，可以移动对象，如图 2-66 所示。按住 Shift 键拖曳，可以限制移动方向为 45° 的整数倍方向。

图 2-65　　　　图 2-66

2. 轻移

使用选择工具 ▶ 单击对象后，按→、←、↑、↓键，所选对象会沿相应的方向移动 1 点的距离（约 0.3528 毫米）。如果同时按方向键和 Shift 键操作，则可以移动 10 点的距离。

3. 精确移动

选择对象后，在"变换"面板或控制栏的"X"（代表水平位置）和"Y"（代表垂直位置）文本框中输入数值并按 Enter 键确认，如图 2-67 所示，可以将对象移动到画板的精确位置上。

选择对象后，双击选择工具 ▶ ，打开"移动"对话框，如图 2-68 所示，设置参数，也可让所选对象按照精确的距离和角度移动。"角度"文本框中为正值表示沿逆时针方向移动，为负值表示沿顺时针方向移动。

图 2-67　　　　　图 2-68

4. 复制对象

按住 Alt 键使用选择工具 ▶ 拖曳对象（鼠标指针会变为 ▶ 状），可以复制对象，如图 2-69 所示。

5. 在文档间移动对象

如果同时打开了多个文档，想在不同的文档间使用图稿、文字等素材，可以使用选择工具 ▶ 拖曳对象至另

图 2-69

一个文档选项卡，如图 2-70 所示；停留片刻切换到该文档后，将鼠标指针移动到画板中需要的位置，如图 2-71 所示，释放鼠标左键，即可将对象移入该文档。

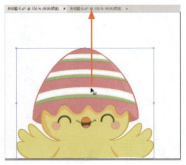

图 2-70

图 2-71

2.2.4　复制与粘贴

复制和粘贴是较为常用的软件操作方法，与其他软件不同的是，在 Illustrator 中还可以指定对象的粘贴位置。

1. 复制

选择对象后，执行"编辑 > 复制"命令（快捷键为 Ctrl+C），可以将对象复制到剪贴板，画板中的对象不变。

2. 粘贴

复制对象后，执行"编辑 > 粘贴"命令（快

捷键为 Ctrl+V），可以在当前图层中粘贴对象，且对象位于画面中心。如果先单击其他图层再进行粘贴，则对象会被粘贴到所选图层中。

3. 将对象粘贴到指定位置

选择对象，如图 2-72 所示，复制后，可以使用"编辑"菜单中的命令，将对象粘贴到指定位置，如图 2-73 所示。

当未选择对象时，执行"贴在前面"命令，所粘贴对象将位于被复制对象上层并与之重合。如果选择了对象，如图 2-74 所示，所粘贴对象仍与被复制对象重合，但在所选对象上层，如图 2-75 所示。

图 2-72　　　　图 2-73

图 2-74　　　　图 2-75

"贴在后面"命令与"贴在前面"命令相反，即在被复制对象下层或所选对象下层粘贴对象。

当文档中有多个画板时，执行"就地粘贴"命令，可以将对象粘贴到当前画板上；执行"在所有画板上粘贴"命令，可粘贴到所有画板上。

> 💡 **小提示**
>
> 选择对象后，按Delete键可将其删除。

2.2.5 编组

将多个对象编入一个组中，它们就会被视为一个整体，可以一同编辑。不过，编组之后，每个对象仍可单独修改。

1. 将多个对象编组

按住 Shift 键使用选择工具 ▶ 单击多个对象将其选中，如图 2-76 所示，执行"对象 > 编组"命令（快捷键为 Ctrl+G），可将它们编为一组。使用选择工具 ▶ 单击组中的任何一个对象，都会选择整个组。进行移动时，组中的对象会一同移动，如图 2-77 所示。进行旋转、缩放和扭曲时也是如此。

图 2-76　　　　图 2-77

> 💡 **小提示**
>
> 将位于不同图层上的对象编为一组时，这些对象会被调整到同一个图层上，即位于顶层的那一个对象所在的图层上。

2. 选择编组中的对象

如果要编辑组中的单个对象，可以使用编组选择工具 ▷ 单击它将其选中，如图 2-78 所示，再进行编辑，如图 2-79 所示。

图 2-78　　　　图 2-79

3. 取消编组

选择编组对象，执行"对象 > 取消编组"命令（快捷键为 Shift+Ctrl+G），可以取消编组。

4. 在隔离模式下编辑组

当图稿中对象较多时，可以使用选择工具 ▶ 在需要编辑的对象上双击，进入隔离模式，如图 2-80 和图 2-81 所示。在这种状态下，此对象会隔离出来，编辑时不会影响其他对象。

图 2-80

图 2-81

编辑完成后，单击文档窗口左上角的 ◁ 按钮、按 Esc 键或在画板空白处双击，都可以退出隔离模式。

2.3 对齐与分布

在专业的设计公司，设计师制图十分规范和严谨。尤其是制作标志时，会采用标准化制图，即借助对齐、分布等功能，以及参考线、网格等辅助工具，确定标志各元素之间的比例、结构和距离等关系。本节介绍 Illustrator 中的对齐和分布功能。

2.3.1 课堂案例：App 页面布局

视频位置	多媒体教学 >2.3.1 App 页面布局 .mp4
技术掌握	学习对齐类功能和智能参考线的使用方法

本例通过对齐类按钮和智能参考线来练习 App 页面图标的对齐方法。

01 按 Ctrl+O 快捷键，打开本例用到的两个素材。执行"窗口 > 排列 > 平铺"命令，让两个文档窗口并排显示，如图 2-82 所示。

图 2-82

02 使用选择工具 ▶ 将右侧文档中的一个图标拖曳到左侧文档中，放在图 2-83 所示的位置。继续拖曳另一个图标，放在图 2-84 所示的位置上。

图 2-83   图 2-84

03 在左侧文档中间的两个方格中也各拖曳入一个图标，如图 2-85 所示。拖曳出一个选框，将左侧文档中的图标选中，如图 2-86 所示，单击控制栏中的 ▤ 按钮，让所选图标左对齐，如图 2-87 所示。单击控制栏中的 ▤ 按钮，让图标的上下间隔相同，如图 2-88 所示。

图 2-85   图 2-86

图 2-87　　　　图 2-88

04 将右侧文档中剩余的图标拖曳到左侧文档右侧方格中，操作时会显示智能参考线，如图 2-89 所示，可以借助参考线让图标与左侧的图标对齐，如图 2-90 所示。

图 2-89　　　　图 2-90

2.3.2　对齐与均匀分布对象

"对齐"面板及控制栏中提供了图 2-91 和图 2-92 所示的按钮。

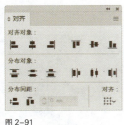

图 2-91　　　　　　　　图 2-92

选中多个对象后，单击"对齐对象"选项组中的按钮，可以让它们沿指定的轴对齐，如图 2-93 所示。

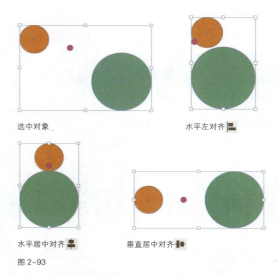

选中对象　　　　　　　　　水平左对齐

水平居中对齐　　　　　　垂直居中对齐

图 2-93

单击"分布对象"选项组中的按钮，对象会按照相同的间隔均匀分布，如图 2-94 所示。

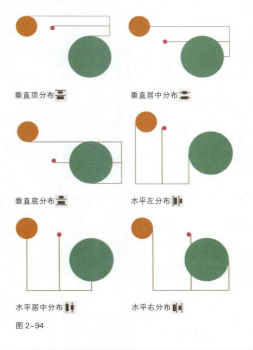

垂直顶分布　　　　　　　垂直居中分布

垂直底分布　　　　　　　水平左分布

水平居中分布　　　　　　水平右分布

图 2-94

2.3.3　基于关键对象对齐和分布

在版面中，如果某个对象处于最佳位置，可将其作为关键对象，让其他对象与之对齐或基于它来进行分布。

版面如图 2-95 所示。按住 Shift 键使用选择工具▶单击要对齐或分布的对象，如图 2-96所示；释放 Shift 键，单击其中一个对象可将其设置为关键对象，其轮廓变粗，如图 2-97 所示，此时控制栏和"对齐"面板中的"对齐关键对象"选项被自动选中；单击▉按钮，即可基于关键对象垂直居中对齐，如图 2-98 所示。

图 2-95

图 2-96

图 2-97

图 2-98

2.3.4 排除路径宽度干扰

如果对多个对象进行了描边，且粗细不同，如图 2-99 所示，在进行对齐或分布时，Illustrator 不会将描边考虑在内，从而导致对象看上去并没有对齐，如图 2-100 所示。

如果想以描边的边缘为基准对齐，可以打开"对齐"面板菜单，执行"使用预览边界"命令，如图 2-101 所示，之后再单击对齐或分布按钮，效果如图 2-102 所示。

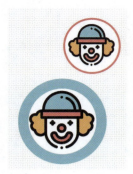

图 2-99

图 2-100

图 2-101

图 2-102

2.3.5 标尺与参考线

标尺和参考线可以帮助用户精确地放置对象，以及进行测量。

1. 标尺

执行"视图 > 标尺 > 显示标尺"命令（快捷键为 Ctrl+R），可以显示标尺，如图 2-103所示。在标尺上单击鼠标右键，打开快捷菜单，如图 2-104 所示，可以修改标尺单位。

图 2-103

图 2-104

执行"视图 > 标尺 > 隐藏标尺"命令（快捷键为 Ctrl+R），可以将标尺隐藏。

2. 参考线

将鼠标指针移动到水平标尺上，向下方拖曳，可以拖出水平参考线；从垂直标尺上向右方拖曳，可以拖出垂直参考线，如图 2-105 所示。拖曳参考线时按住 Shift 键，可以使参考线与标尺上的刻度对齐。

图 2-105

参考线编辑方法

● **移动参考线**：拖曳参考线，可以移动其位置。

● **隐藏参考线**：执行"视图 > 参考线 > 隐藏参考线"命令（快捷键为 Ctrl+;），可以隐藏参考线。需要显示时，执行"视图 > 参考线 > 显示参考线"命令（快捷键为 Ctrl+;）即可。

● **锁定参考线**：执行"视图 > 参考线 > 锁定参考线"命令（快捷键为 Alt+Ctrl+;）可以将参考线锁定，使其无法被移动。需要解锁时，执行"视图 > 参考线 > 解锁参考线"命令（快捷键为 Alt+Ctrl+;）即可。

● **删除参考线**：单击参考线，按 Delete 键可将其删除。

2.3.6 智能参考线

智能参考线是非常有用的辅助绘图工具，默认状态下它是自动启用的（"视图 > 智能参考线"命令前方有一个"√"）。在 Illustrator 中编辑对象时，智能参考线会根据需要而自动出现或隐藏。

创建图形或使用钢笔工具 ✎ 绘图时，借助智能参考线可基于现有的对象来放置新的对象，如图 2-106 所示。使用选择工具 ▶ 移动对象时，借助它可以很容易地让对象与其他对象、路径或画板对齐，如图 2-107 所示。

图 2-106

图 2-107

2.3.7 网格

图 2-108 所示为默认状态下的图稿。执行"视图 > 显示网格"命令（快捷键为 Ctrl+"），可以在图稿后方显示网格，如图 2-109 所示。显示网格后，执行"视图 > 对齐网格"命令（快捷键为 Shift+Ctrl+"），启用对齐功能，此后对对象进行移动、旋转和缩放时，对象会自动与

网格对齐。网格在对称地布置对象时非常有用。它只是一种辅助工具，在打印时不会显示。

图 2-108

图 2-109

2.4 变换与扭曲

在 Illustrator 中，使用变换方法可以改变对象的位置、角度和大小，通过扭曲操作可以改变对象的形状。

2.4.1 课堂案例：蒲公英图案

视频位置	多媒体教学 >2.4.1 蒲公英图案 .mp4
技术掌握	修改参考点，复制并旋转对象，分别变换对象

本例使用复制并旋转功能、分别变换功能制作蒲公英图案，如图 2-110 所示。

图 2-110

01 选择直线段工具 ✏，按住 Shift 键拖曳鼠标，创建一条直线，设置描边颜色为红色，粗细为 1pt，无填色，如图 2-111 所示。选择椭圆工具 ⬭，按住 Shift 键拖曳鼠标，创建一个圆形，填充红色，无描边，如图 2-112 所示。按 Ctrl+A 快捷键全选，按 Ctrl+G 快捷键编组。

图 2-111   图 2-112

02 选择旋转工具 ↻，将鼠标指针移动到直线的左端点，按住 Alt 键并单击，将参考点定位到这里，如图 2-113 所示；释放鼠标左键会打开"旋转"对话框，设置"角度"为 15°，单击"复制"按钮，复制并旋转图形，如图 2-114 和图 2-115 所示。

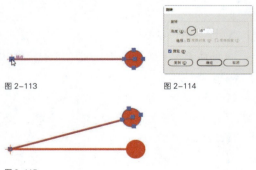

图 2-113   图 2-114

图 2-115

03 连按 10 次 Ctrl+D 快捷键继续复制，如图 2-116 所示。使用选择工具 ▶ 单击右侧底部的图形，按 Delete 键删除，如图 2-117 所示。按 Ctrl+A 快捷键全选，按 Ctrl+G 快捷键编组。

图 2-116   图 2-117

04 选择极坐标网格工具 🔘，在画板上单击，打开"极坐标网格工具选项"对话框，参数设置如图 2-118 所示，创建网格图形，如图 2-119 所示。

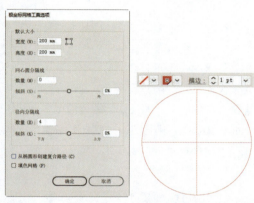

图 2-118   图 2-119

05 使用选择工具 ▶ 将图形移动到极坐标网格上方，当图形与极坐标网格顶点对齐时，会出现智能参考线，如图 2-120 所示。保持图形的选中状态，选择旋转工具 ↻，将鼠标指针放在极坐标网格中心，捕捉到中心点后，也会出现智能参考线，如图 2-121 所示。

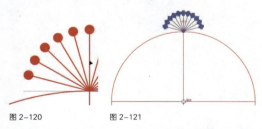

图 2-120   图 2-121

06 按住 Alt 键单击，打开"旋转"对话框，设置"角度"为 30°，如图 2-122 所示，单击"复制"按钮关闭对话框。连按 10 次 Ctrl+D 快捷键继续复制，如图 2-123 所示。

图 2-122   图 2-123

07 使用编组选择工具 ▷ 单击十字线路径，按 Delete 键删除，如图 2-124 所示。按 Ctrl+A 快捷键全选，按 Ctrl+G 快捷键编组。

08 执行"对象 > 变换 > 分别变换"命令，打开"分别变换"对话框，设置缩放比例为 75%，旋转角度为 45°，单击参考点定位器 ▦ 中间的小方块，让参考点位于图形中心，如图 2-125 所示；单击"复制"按钮关闭对话框，如图 2-126 所示。连按 8 次 Ctrl+D 快捷键继续复制，如图 2-127 所示。

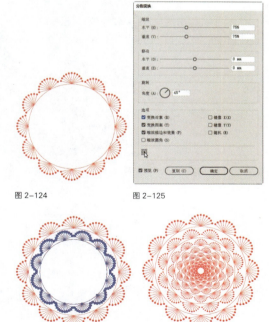

图 2-124   图 2-125

图 2-126   图 2-127

2.4.2 变换控件

选择对象后，其周围会出现定界框及控制点，如图 2-128 所示。使用旋转工具 ⟲、镜像工具 ⋈、比例缩放工具 ⬚ 和倾斜工具 ⬠ 进行变换操作时，对象中心还会出现标靶状参考点 ✛，如图 2-129 所示。

图 2-128　　　　　　　　图 2-129

参考点是变换的基准点。在画板上任意区域单击，可重新定义其位置。图 2-130 和图 2-131 所示分别为参考点 ✛ 在默认位置及画面左下角时的缩放效果。需要将参考点 ✛ 恢复到对象中心时，可以双击旋转工具 ⟲ 等变换工具，打开相应对话框后单击"取消"按钮即可。

图 2-130　　　　　　　　图 2-131

2.4.3 旋转

选择对象后，如图 2-132 所示，使用旋转工具 ⟲ 进行拖曳，可以旋转对象，如图 2-133 所示。在远离参考点的位置拖曳鼠标，可以进行小角度旋转。按住 Shift 键操作，可以将旋转角度限制为 45° 的整数倍。

图 2-132　　　　　　　　图 2-133

2.4.4 镜像

镜像是让对象以镜像轴为基准翻转。选择对象后，使用镜像工具 ⋈ 在画板上单击，指定镜像轴上的一点，之后在另一个位置单击，指定镜像轴的第二个点（不可见），即可镜像对象，如图 2-134 所示。如果在画板上拖曳（可按住 Shift 键操作），则可将对象翻转并像使用旋转工具 ⟲ 时那样进行自由旋转。图 2-135 所示为用镜像的方法制作的倒影。

图 2-134

图 2-135

2.4.5 缩放

选择对象后，使用比例缩放工具 ⬚ 在其定界框外拖曳，可自由缩放对象，如图 2-136 所示。按住 Shift 键拖曳，可进行等比缩放，如图 2-137 所示。如果要进行小幅度缩放，可在离对象稍远的位置拖曳鼠标。

图 2-136

图 2-137

2.4.6 倾斜

倾斜工具 ⬛ 能够将所选对象向各个方向倾斜。使用该工具时，向左、右拖曳鼠标（按住 Shift 键可保持其原始高度）可沿水平轴倾斜对象，如图 2-138 所示；向上、下拖曳鼠标（按住 Shift 键可保持其原始宽度），可沿竖直轴（垂直轴）倾斜对象，如图 2-139 所示。

图 2-138

图 2-139

2.4.7 "变换"面板

图 2-140 所示为"变换"面板。选择对象后，如果想让对象按照精确参数移动、缩放、旋转或倾斜，可以在各个选项中输入数值并按 Enter 键。

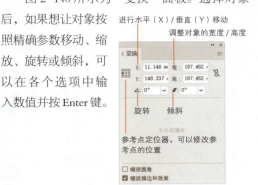

进行水平（X）/垂直（Y）移动
调整对象的宽度 / 高度
旋转 倾斜
参考点定位器，可以修改参考点的位置
图 2-140

2.4.8 拉伸、透视扭曲和扭曲

自由变换工具 ⬛ 是多用途工具，在进行移动、旋转和缩放时，与使用选择工具 ▶ 操作方法相同。除此之外，它还可以进行透视扭曲和自由扭曲。

1. 拉伸

选择对象，如图 2-141 所示。选择自由变换工具 ⬛，窗口中会显示一个临时面板，如图 2-142 所示。单击其中的自由变换按钮 ⬛，拖曳定界框边中央的控制点，可以沿水平或垂直方向拉伸对象，如图 2-143（鼠标指针为 ⬛ 状）和图 2-144（鼠标指针为 ⬛ 状）所示。拖曳边角的控制点（鼠标指针为 ⬛ 状），可向任意方向拉伸，如图 2-145 所示。

限制
自由变换
透视扭曲
自由扭曲

图 2-141　　　　图 2-142　　　　图 2-143

图 2-144　　　　　　　图 2-145

单击限制按钮 ⬛，之后再拖曳，可进行等比缩放。按住 Alt 键操作，则会以中心点为基准等比缩放。

2. 透视扭曲

单击透视扭曲按钮 ⬛，拖曳定界框边角的控制点（鼠标指针会变为 ⬛ 状），可进行透视扭曲，如图 2-146 和图 2-147 所示。

图 2-146　　　　　　　图 2-147

3. 自由扭曲

单击自由扭曲按钮，拖曳定界框边角上的控制点（鼠标指针会变为状），可进行自由扭曲，如图 2-148 所示。按住 Alt 键拖曳，可以创建对称的倾斜效果，如图 2-149 所示。

图 2-148　　　　　　　图 2-149

此外，无论单击哪一个按钮，在定界框外拖曳，都能旋转对象。在对象内部拖曳（鼠标指针变为状），则可以移动对象。

2.4.9　操控变形

操控变形工具可以对图稿的局部进行自由扭曲。例如，想让猫咪做出歪头动作，可将其选中，如图 2-150 所示，之后使用操控变形工具在需要扭曲的位置单击，添加控制点。为防止扭曲幅度过大影响其他区域，可在这些区域也添加控制点，将图稿固定，如图 2-151 所示。

图 2-150　　　　　　　图 2-151

准备工作完成后，单击下巴上的控制点，

然后将鼠标指针移动到虚线圆圈上，如图 2-152 所示，进行拖曳即可，如图 2-153 和图 2-154 所示。如果直接拖曳控制点，则可移动头部，如图 2-155 所示。

图 2-152　　　　　　　图 2-153

图 2-154　　　　　　　图 2-155

2.4.10　液化类工具

图 2-156 所示为液化类工具，它们通过拖曳或单击的方法使用。使用液化类工具在对象上单击时，按住鼠标左键的时间越长，变形效果越强。使用液化类工具时，不需要选择对象也可进行处理。

图 2-156

液化类工具介绍

● **变形工具**：适合以类似手绘形式制作比较随意的变形效果。图 2-157 所示为原始图稿，图 2-158 所示为使用该工具对头发进行变形生成的效果。

● **旋转扭曲工具**：可以创建旋涡状效果，如图 2-159 所示。

● **缩拢工具**：可以通过向鼠标指针十字线方向移动控制点的方式收缩对象，使图形向内收缩，效果如图 2-160 所示。

图 2-157　　　图 2-158　　　图 2-159　　　图 2-160

● **膨胀工具** ◈：可以创建与缩拢工具相反的膨胀效果，如图 2-161 所示。

● **扇贝工具** ◤：可以向对象的轮廓中向内添加随机弯曲的细节，创建类似贝壳表面的纹路效果，如图 2-162 所示。

● **晶格化工具** ◈：可以向对象的轮廓中向外添加随机锥化的细节，生成与扇贝工具相反的效果，如图 2-163 所示。

● **皱褶工具** ◈：可以向对象的轮廓中添加类似于皱褶的细节，产生不规则的起伏，效果如图 2-164 所示。

图 2-161　　　图 2-162　　　图 2-163　　　图 2-164

2.5　课后习题

本章介绍了 Illustrator 的基本操作方法，这些都是绘制矢量图的基础。掌握了这些技能，在后面就可以很好地学习 Illustrator 的其他功能了。

完成下面的课后习题，有助于巩固本章所学知识。

2.5.1　问答题

1. 怎样操作能让对象按照指定的距离和角度移动？

2. 怎样不解散组而能选择组中的对象？

3. 怎样让多个对象以某个对象为基准进行对齐或分布？

2.5.2　操作题：扑克牌

视频位置	多媒体教学 >2.5.2 扑克牌 .mp4
技术掌握	旋转并复制对象，调整色彩平衡

本习题使用变换功能制作一张扑克牌。

01 按 Ctrl+O 快捷键打开素材，如图 2-165 所示。使用选择工具 ▶ 单击图形，如图 2-166 所示。

图 2-165　　　　　　　图 2-166

02 双击旋转工具 ○，打开"旋转"对话框，设置"角度"为 180°，单击"复制"按钮，如图 2-167 所示，复制并旋转图形，如图 2-168 所示。

图 2-167　　　　　　　图 2-168

03 使用选择工具 ▶ 将复制出的图形移动到下方，如图 2-169 所示。

图 2-169

04 执行"编辑>编辑颜色>调整色彩平衡"命令，修改图稿颜色，如图 2-170 和图 2-171 所示。

图 2-170　　　　　　　图 2-171

2.5.3 操作题：牛奶盒包装

视频位置	多媒体教学 >2.5.3 牛奶盒包装 .mp4
技术掌握	设置混合模式，使用自由变换工具扭曲图稿

本习题通过倾斜的方法调整图稿的透视角度，为包装盒贴图，如图 2-172 所示。

图 2-172

01 按 Ctrl+O 快捷键打开素材，如图 2-173 所示。

图 2-173

02 使用选择工具 ▶ 将白色背景图稿拖曳到牛奶盒正面。在"透明度"面板中设置混合模式为"正

片叠底"，如图 2-174 和图 2-175 所示。

图 2-174　　　　　　　图 2-175

03 选择自由变换工具 ▦，显示临时面板后，单击其中的自由扭曲按钮 ▱，然后拖曳控制点，让图稿边缘与牛奶盒边缘对齐，如图 2-176 和图 2-177 所示。

图 2-176　　　　　　　图 2-177

04 采用同样的方法处理牛奶盒可见侧面，如图 2-178 和图 2-179 所示。

图 2-178　　　　　　　图 2-179

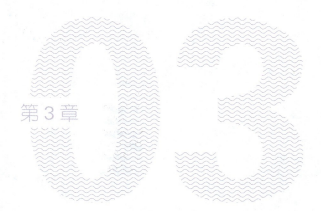

第 3 章

颜色编辑与图形绘制

本章导读

在图形设计中，基本图形和线状图形是构建复杂图形的基础，可以创建视觉效果。本章介绍如何绘制基本图形和线状图形，并讲解图形的填色和描边，运用这些知识进行设计，可以使作品内容更加丰富，更有吸引力。

本章学习要点

1. 填色与描边选项　　　　4. "色板"面板

2. "描边"面板　　　　　　5. 汉堡包图标设计

3. "颜色"面板　　　　　　6. 婴儿用品 Logo

3.1 填色与描边

在 Illustrator 中所绘图形是由路径和锚点构成的矢量图，如果不填色或描边，取消编辑时图形就会"隐身"。

3.1.1 课堂案例：曼陀罗图案

视频位置	多媒体教学 >3.1.1 曼陀罗图案 .mp4
技术掌握	用"变换"效果复制图形，用渐变色为图形描边

本例使用"变换"效果制作曼陀罗图案，通过修改描边颜色让图案变为彩色，如图 3-1 所示。

图 3-1

01 选择椭圆工具 ⬭，在画板上单击，打开"椭圆"对话框，参数设置如图 3-2 所示，单击"确定"按钮创建圆形。在控制栏中设置描边粗细为 13pt，颜色为黑色，如图 3-3 所示。

图 3-2　　　　图 3-3

02 打开"描边"面板。勾选"虚线"选项并调整"虚线"和"间隙"参数，创建虚线描边；单击圆头端点按钮 🔘，让虚线变成圆点，如图 3-4 和图 3-5 所示。

03 在控制栏中选择图 3-6 所示的宽度配置文件，改变描边的粗细，圆点会由大逐渐变小，如图 3-7 所示。

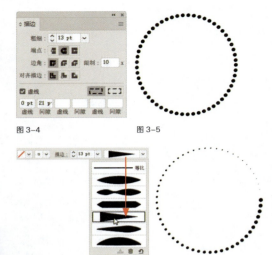

图 3-4　　　　　　　　图 3-5

图 3-6　　　　　　　　图 3-7

04 执行"效果 > 扭曲和变换 > 变换"命令，打开"变换效果"对话框，设置"副本"为31，对图形进行复制；将"缩放"参数设置为95%，这表示每复制出一个圆点，其大小都是上一个圆点的 95%；将"角度"设置为 16°，让圆点呈螺旋形旋转，如图 3-8 所示。单击"确定"按钮，添加该效果，如图 3-9 所示。

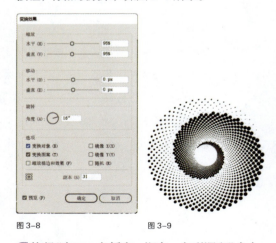

图 3-8　　　　　　　　图 3-9

05 执行"窗口 > 色板库 > 渐变 > 色彩调和"命令，打开"色彩调和"面板。在工具栏中的描边按钮上单击，如图 3-10 所示，将描边设置为当前编辑状态；分别单击图 3-11 所示的两个渐变进行描边，可以创建两种效果，如图 3-12 所示。

图 3-10 　　　图 3-11

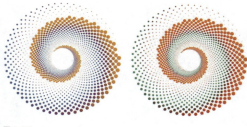

图 3-12

3.1.2 填色与描边选项

为图形填色或描边，是使其可见和制作特效的常用方法。

1. 填色和描边

填色是指在矢量图形内部填充颜色、渐变或图案，如图 3-13 所示。描边是指用颜色、渐变或图案描绘图形的轮廓，如图 3-14 所示。

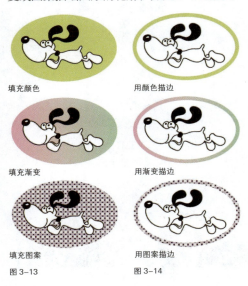

填充颜色　　　　　　　用颜色描边

填充渐变　　　　　　　用渐变描边

填充图案　　　　　　　用图案描边

图 3-13 　　　　　　　图 3-14

2. 设置填色和描边

图 3-15～ 图 3-17 所示为 "色板" "颜色"

和 "渐变" 面板，它们和工具栏中都包含填色和描边选项。单击图 3-18 所示的按钮，可以将填色设置为当前编辑状态；单击图 3-19 所示的按钮，可将描边设置为当前编辑状态。设置好当前编辑状态后，便可进行填色或描边操作。

图 3-15 　　　　　　　图 3-16

图 3-17 　　　　　图 3-18 　　　图 3-19

控制栏中集成了 "色板" 面板，分别单击左端两个 ⌄ 按钮将其打开后，可以方便地在其中选择填色和描边内容，如图 3-20 所示。

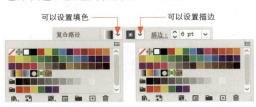

可以设置填色　　　　　　可以设置描边

图 3-20

3. 互换填色和描边

使用选择工具 ▶ 单击图形，将其选中，如图 3-21 所示，单击工具栏或 "颜色" 面板中的 ⤵ 按钮，可以互换填色和描边，如图 3-22 和图 3-23 所示。

图 3-21 　　　　　图 3-22 　　　图 3-23

4.恢复为默认的填色和描边

图 3-24 所示为矢量图标。将其选中，单击工具栏或"颜色"面板中的 按钮，可以将填色和描边恢复为默认的颜色（描边为黑色，填色为白色），如图 3-25 所示。

图 3-24　　　　　图 3-25

5.删除填色和描边

如果要删除一个图形的填色或描边，只需将其选中，之后在工具栏、"颜色"面板或"色板"面板中将填色或描边设置为当前编辑状态，再单击 按钮即可。

3.1.3 "描边"面板

应用描边后，可以在"描边"面板中设置描边粗细、对齐方式等属性，如图 3-26 所示。

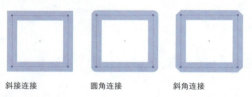

图 3-26

"描边"面板选项介绍

● **粗细**：用来设置描边线条的宽度。

● **端点**：可以设置开放式路径两个端点的形状，如图 3-27 所示。单击"平头端点"按钮 ，路径会在终端锚点处结束，在准确对齐路径时，该选项非常有用；单击"圆头端点"按钮 ，路径末端呈半圆形圆滑效果；单击"方头端点"按钮 ，会向外延长描边"粗细"值一半的距离结束描边。

平头端点　　　圆头端点　　　方头端点

图 3-27

● **边角/限制**：用来设置路径中边角的连接方式，包括"斜接连接"、"圆角连接"和"斜角连接"，如图 3-28 所示。使用斜接连接方式时，还可通过"限制"选项控制在何种情况下由斜接连接切换成斜角连接。

斜接连接　　　圆角连接　　　斜角连接

图 3-28

● **对齐描边**：如果对象是闭合的路径，可以设置描边与路径对齐的方式，包括"使描边居中对齐"、"使描边内侧对齐"和"使描边外侧对齐"，如图 3-29 所示。

使描边居中对齐　　使描边内侧对齐　　使描边外侧对齐

图 3-29

● **虚线**：勾选该复选框，可以用虚线为路径描边。单击"虚线"选项组的 按钮，虚线间隙将以下方设置的参数值为准，如图 3-30 所示；单击 按钮，则会自动调整虚线长度，使其与边角及路径的端点对齐，如图 3-31 所示。

图 3-30　　　　　图 3-31

● **箭头/缩放/对齐**：在"箭头"下拉列表中可以为路径的起点和终点添加箭头，如图3-32和图3-33所示。单击 ⇄ 按钮，可互换起点和终点箭头。如果要删除箭头，可以在"箭头"下拉列表中选择"[无]"选项。通过"缩放"选项可以调整箭头的大小。单击 ⅋ 按钮，可同时调整起点和终点箭头的缩放比例。单击 ⇥ 按钮，箭头会超过路径的末端，如图3-34所示；单击 ⇥ 按钮，箭头端点会与路径的端点对齐，如图3-35所示。

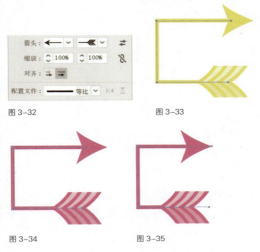

图 3-32　　　　　　　图 3-33

图 3-34　　　　　　　图 3-35

● **配置文件**：在该选项下拉列表中可以选择配置文件，让描边出现粗细变化，如图3-36和图3-37所示。

图 3-36　　　　　　　图 3-37

3.1.4 "颜色"面板

在 Illustrator 中，除填色和描边会使用颜色

外，添加渐变、进行实时上色、重新为图稿着色时也会涉及设置颜色和修改颜色。

"颜色"面板与调色盘类似，可以通过混合颜色的方法调配颜色。该面板中包含了与工具栏相同的颜色设置组件，如图3-38所示。

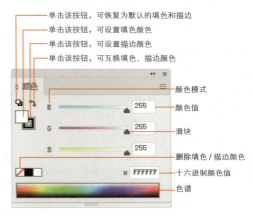

- 单击该按钮，可恢复为默认的填色和描边
- 单击该按钮，可设置填色颜色
- 单击该按钮，可设置描边颜色
- 单击该按钮，可互换填色、描边颜色
- 颜色模式
- 颜色值
- 滑块
- 删除填色/描边颜色
- 十六进制颜色值
- 色谱

图 3-38

"颜色"面板使用方法介绍

● **设置颜色**：在R、G、B文本框中输入颜色值，或在"#"文本框中输入十六进制值（主要用于设置网页色彩，如000000是黑色，FFFFFF是白色），以及拖曳滑块，都可以设置颜色，如图3-39所示。

● **混入新的颜色**：设置好一种颜色后，拖曳其他滑块，可以向当前颜色中混入新的颜色。例如，拖曳G滑块，红色中会混入绿色，得到橙色，如图3-40所示。

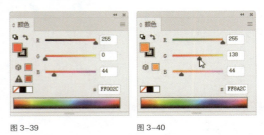

图 3-39　　　　　　　图 3-40

● **调整颜色的明度**：按住Shift键拖曳一个滑块，可同时移动与之关联的其他滑块（H、S、B滑块除外）。通过这种方式可以调整颜色的明度，得到更深或更浅的颜色，如图3-41和图3-42所示。

图 3-41　　　　　　图 3-42

● **采集颜色**：在色谱上单击，可以采集鼠标指针所指处的颜色，如图 3-43 所示。在色谱上拖曳鼠标，可动态地采集颜色，如图 3-44 所示。

图 3-43　　　　　　图 3-44

3.1.5 "色板"面板

"色板"面板中有很多预设的颜色、渐变和图案，可直接用于图形的填色和描边，它们统称为"色板"。

选择图形，如图 3-45 所示，将填色设置为当前编辑状态，单击一个色板，即可将其应用到所选对象上，如图 3-46 和图 3-47 所示。单击其他色板，则会替换当前填色内容。

图 3-45

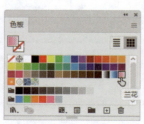

图 3-46　　　　　　图 3-47

"色板"面板介绍

图 3-48 所示为"色板"面板中包含的色板及各种按钮和图标。

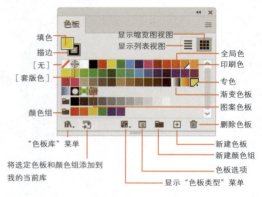

图 3-48

● [**无**] ⬚：删除对象的填色或描边。

● [**套版色**]：用套版色填色或描边的对象可以从 PostScript 打印机进行分色打印。当套准标记使用套版色时，印版可以在印刷机上精确对齐。

● **专色**：使用预先混合好的印刷用油墨颜色。

● **全局色**：编辑全局色时，图稿中所有使用该色板的对象可以自动更新颜色。

● **印刷色**：印刷色是使用青色、洋红色、黄色和黑色油墨混合成的颜色（在列表状态下显示◪状符号）。默认状态下，Illustrator 会将新创建的色板定义为印刷色。

● **颜色组/新建颜色组**▰：按住 Ctrl 键单击多个色板，将它们一同选中，如图 3-49 所示，单击底部的▰按钮，可以将它们创建为一个颜色组，如图 3-50 所示。颜色组通常是为某些操作需要而设置的，可以包含印刷色、专色和全局色，不能包含图案、渐变、"无"或套版色。

图 3-49　　　　　　图 3-50

● "色板库"菜单 ：单击该按钮，可以在打开的下拉菜单中选择一个色板库。

● 将选定的色板和颜色组添加到我的当前库 ：选中色板或颜色组后，单击该按钮，可将其添加到"库"面板中。

● 显示"色板类型"菜单 ：单击该按钮，打开下拉列表，可以选择一个选项，让面板中只显示颜色色板、渐变色板、图案色板或颜色组。

● 色板选项 ：单击该按钮，可以打开"色板选项"对话框。

● 新建色板 ：选择对象，如图 3-51 所示，单击该按钮，可将对象填充的颜色、渐变或图案创建为色板，如图 3-52 所示。单击"色板"面板中的一个色板，再单击 按钮，则可以复制所选色板。

图 3-51　　　　　　　图 3-52

● 删除色板 ：单击一个色板，再单击该按钮，可将其删除（套版色不能删除）。

3.2　绘制基本图形

学习绘图首先从最基本的矩形、圆形、多边形等入手，随着熟练程度的提高，再过渡到复杂的对象。本节介绍基本图形的绘制方法。

3.2.1　课堂案例：汉堡包图标设计

视频位置	多媒体教学 >3.2.1 汉堡包图标设计 .mp4
技术掌握	创建并修改实时形状，改变路径的端点类型

本例设计一款汉堡包图标，如图 3-53 所示。

图 3-53

01 使用矩形工具 创建一个矩形，如图 3-54 所示。单击图 3-55 所示的边角构件；按住 Shift 键单击另一侧的边角构件，将它们一同选中，如图 3-56 所示；拖曳鼠标，将矩形上半部调为圆角，如图 3-57 所示。

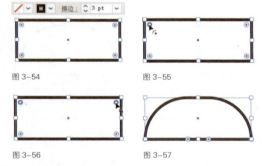

图 3-54　　　　　　　图 3-55

图 3-56　　　　　　　图 3-57

02 使用圆角矩形工具 创建一个圆角矩形，如图 3-58 所示。按住 Alt+Shift 键使用选择工具 向下拖曳图形，复制出一份，如图 3-59 所示。

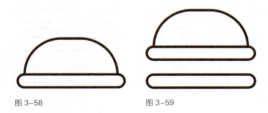

图 3-58　　　　　　　图 3-59

03 选择直线段工具 ，按住 Shift 键拖曳鼠标绘制一条直线，如图3-60和图3-61所示。执行"效果 > 扭曲和变换 > 波纹效果"命令，将直线处理为波浪状曲线，如图3-62和图3-63所示。

图 3-60   图 3-61

 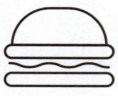

图 3-62   图 3-63

04 采用与第1步相同的方法，创建一个矩形，拖曳图3-64所示的两个边角构件，将底部转换为圆角，如图3-65所示。

图 3-64   图 3-65

05 使用椭圆工具 ◯ 创建椭圆形，作为芝麻，如图3-66所示。按住Shift键使用选择工具 ▶ 拖曳图形，复制出多份，如图3-67所示。

图 3-66   图 3-67

06 选择各个芝麻图形，在定界框外拖曳鼠标，旋转其角度，图标就完成了，如图3-68所示。

如果想让它成为一份完整的设计方案，可以使用文字工具 **T** 输入品牌名称和宣传语，如图3-69所示。图3-70所示为图标贴在杯子上的效果。

图 3-68   图 3-69

图 3-70

3.2.2 矩形和正方形

很多设计看似复杂，其实是由简单的几何图形（矩形、正方形和圆形等基本图形）组合起来构成的，如图3-71所示。

图 3-71

1. 创建矩形

选择矩形工具 ▢，在画板上向对角线方向拖曳鼠标，鼠标指针旁边会显示提示信息，包括矩形的宽度和高度，如图 3-72 所示；释放鼠标左键，可以创建矩形。按住 Alt 键（鼠标指针变为 ⊞ 状）拖曳鼠标，则会以起点为中心开始绘制矩形。

2. 创建正方形

按住 Shift 键拖曳鼠标，可以创建正方形，如图 3-73 所示；按住 Shift+Alt 键操作，可以以起点为中心开始绘制正方形。

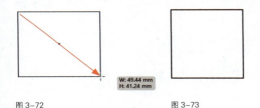

图 3-72　　　　　　　　图 3-73

3. 创建尺寸精确的矩形和正方形

在画板上单击，打开"矩形"对话框，可以设置矩形的宽度和高度，如图 3-74 所示。

图 3-74

4. 将矩形调整为圆角矩形

创建矩形后，将鼠标指针移动到边角构件上，如图 3-75 所示，此时进行拖曳，可以将矩形调整为圆角矩形，如图 3-76 所示。

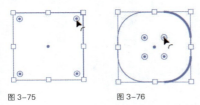

图 3-75　　　　　图 3-76

在一个边角构件上双击，如图 3-77 所示，之后进行拖曳，可以单独调整此边角，如图 3-78 所示。

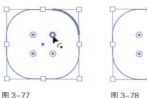

图 3-77　　　　　　图 3-78

3.2.3　圆角矩形

圆角矩形工具 ▢ 可以创建圆角矩形。

1. 创建圆角矩形

圆角矩形工具 ▢ 的使用方法与矩形工具 ▢ 大致相同，不同的是，在拖曳鼠标时，通过按 ↑ 键可增大圆角半径；按 ↓ 键可减小圆角半径直至成为矩形；按 ← 键和 → 键，可以在矩形与圆角矩形之间切换。圆角矩形也包含边角构件，如图 3-79 所示，可以用于调整圆角大小。

2. 创建尺寸精确的圆角矩形

如果要准确定义圆角半径及矩形大小，可以在画板上单击，打开"圆角矩形"对话框进行设置，如图 3-80 所示。

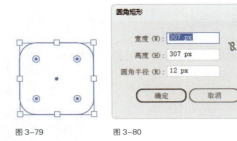

图 3-79　　　　　图 3-80

3.2.4 椭圆和圆形

椭圆工具 ◯ 可以创建椭圆和圆形。

1. 创建椭圆

选择椭圆工具 ◯，在画板上拖曳鼠标可以创建椭圆，如图 3-81 所示。

2. 创建圆形

按住 Shift 键拖曳鼠标，可以创建圆形，如图 3-82 所示；按住 Alt+Shift 键操作，可以以起点为中心开始绘制圆形。

3. 创建尺寸精确的椭圆和圆形

在画板上单击，打开"椭圆"对话框，可以设置椭圆和圆形的精确尺寸，如图 3-83 所示。

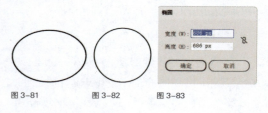

图 3-81　　　　图 3-82　　　　图 3-83

4. 将圆形调整为饼图

拖曳椭圆或圆形的边角构件，如图 3-84 所示，可将其调成饼图形状，如图 3-85 所示。

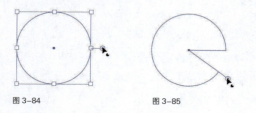

图 3-84　　　　　　图 3-85

3.2.5 多边形

多边形工具 ◯ 可以创建三角形及具有更多直边的图形。

1. 创建多边形

选择多边形工具 ◯，在画板上拖曳鼠标，与此同时，按↑键可以增加多边形的边数，如

图 3-86 所示；按↓键，可减少边数，如图 3-87 所示；移动鼠标指针，可以旋转图形（如果想固定图形的角度，可以按住 Shift 键操作）。

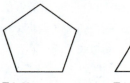

图 3-86　　　　　　图 3-87

2. 创建尺寸精确的多边形

在画板上单击，打开"多边形"对话框，可以设置多边形的半径和边数，如图 3-88 所示，单击"确定"按钮后能以单击点为中心创建多边形。

图 3-88

3. 调圆角及增减边数

在多边形边角构件上拖曳，可以将边角调整为圆角，如图 3-89 和图 3-90 所示；向上、下拖曳图 3-91 所示的控件，可以减少或增加边数，如图 3-92 所示。

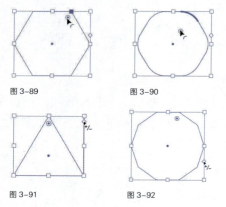

图 3-89　　　　　　图 3-90

图 3-91　　　　　　图 3-92

3.2.6 星形

星形工具 ☆ 可以创建星形。

1. 创建星形

选择星形工具 ☆，在画板上拖曳鼠标，与此同时，按↑键或↓键可以增加或减少星形的角点数；移动鼠标指针，可以旋转星形（如果想固定角度，可以按住 Shift 键操作）；按住 Alt 键，可以调整星形拐角的角度，如图 3-93 和图 3-94所示。

拖曳鼠标创建的五角星形　　按住 Alt 键拖曳鼠标创建的五角星

图 3-93　　　　　　图 3-94

2. 创建尺寸精确的星形

在画板上单击，打开"星形"对话框，可以设置星形的半径和角点数，如图 3-95所示。

图 3-95

"星形"对话框介绍

- 半径1：用来设置从星形中心到星形最内点的距离。

- 半径2：用来设置从星形中心到星形最外点的距离。

- 角点数：用来设置星形的角点数。

3.3 **绘制线和网格**

Illustrator 中的线状图形包括直线、弧线、螺旋线、矩形网格和极坐标网格。

3.3.1 课堂案例：婴儿用品 Logo

视频位置	多媒体教学 >3.3.1 婴儿用品 Logo.mp4
技术掌握	精确绘图，添加效果，绘制弧线并修改路径端点

本例制作一个可爱的婴儿用品 Logo，如图 3-96 所示。

图 3-96

01 按 Ctrl+N 快捷键，打开"新建文档"对话框，使用预设创建一个 A4 大小的文档，如图 3-97 所示。

图 3-97

02 选择椭圆工具 ⬭，在画板上单击，打开"椭圆"对话框，设置参数，如图 3-98 所示，创建一个椭圆形。修改描边颜色，如图 3-99 和图 3-100所示。

图 3-98

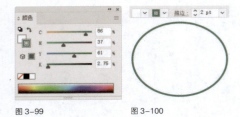

图 3-99　　　　　　　　　图 3-100

03 执行"效果 > 扭曲和变换 > 收缩和膨胀"命令，对椭圆形进行扭曲，如图 3-101 和图 3-102 所示。

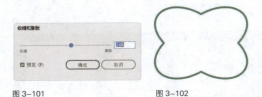

图 3-101　　　　　　　　　图 3-102

04 在画板上单击，打开"椭圆"对话框，创建一个圆形，作为一只眼睛，如图 3-103 和图 3-104 所示。

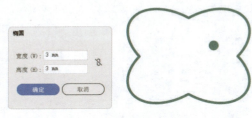

图 3-103　　　　　　　　　图 3-104

05 选择弧形工具 ⌒，拖曳鼠标创建一条弧线，作为另一只眼睛。单击"描边"面板中的 ⊂ 按钮，将路径端点改为圆头，如图 3-105 和图 3-106 所示。

图 3-105　　　　　　　　　图 3-106

06 选择选择工具 ▶，在弧线的定界框外拖曳鼠标，将其旋转，如图 3-107 所示。选择弧形工

具 ⌒，再创建一条弧线，如图 3-108 所示。

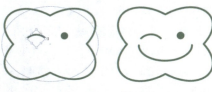

图 3-107　　　　　　　　　图 3-108

07 使用椭圆工具 ◯ 创建一个椭圆形作为红脸蛋，如图 3-109 和图 3-110 所示。

图 3-109　　　　　　　　　图 3-110

08 按住 Alt+Shift 键使用选择工具 ▶ 拖曳椭圆，复制出一份，如图 3-111 所示。创建一个圆形，按 Shift+Ctrl+[快捷键将其移动到底层作为背景，如图 3-112 所示。图 3-113 所示为给 Logo 加上宣传语后的效果。

图 3-111　　　　　　　　　图 3-112

图 3-113

3.3.2 直线

直线段工具 ✐ 可以创建直线。

1. 创建直线

选择直线段工具 ✐，在画板上拖曳鼠标，可以创建任意角度的直线；按住 Shift 键操作，可以创建水平、垂直或 45° 的其他整数倍方向的直线；按住 Alt 键操作，直线会以起点为中心向两侧延伸。

2. 按照精确参数创建直线

在画板上单击，打开"直线段工具选项"对话框，可以设置直线的长度和角度，如图 3-114 和图 3-115 所示。勾选"线段填色"选项，会以当前填充颜色为线段填色。

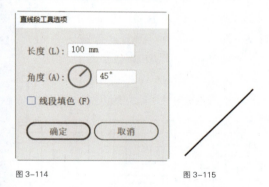

图 3-114　　　　　　　　　　图 3-115

3.3.3 弧线

弧形工具 ⌒ 可以创建弧线。

1. 创建弧线

选择弧形工具 ⌒，在画板上拖曳鼠标可以创建弧线。拖曳鼠标时按 X 键，可以切换弧线的凹凸方向，如图 3-116 所示；按 C 键，可在开放式图形与闭合式图形之间切换，图 3-117 所示为创建的闭合式图形；按住 Shift 键，可以保持固定的角度；按 ↑ 键或 ↓ 键，可以调整弧线的斜率。

拖曳鼠标时按 X 键可切换方向

图 3-116

拖曳鼠标时按 C 键可创建闭合式图形

图 3-117

2. 按照精确参数创建弧线

在画板中单击，打开"弧线段工具选项"对话框，可以设置弧线参数，如图 3-118 所示。

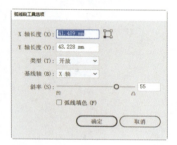

图 3-118

"弧线段工具选项"对话框介绍

● **参考点定位器** ▦：单击参考点定位器上的空心方块，可以定义从哪一点开始绘制弧线。

● **X 轴长度/Y 轴长度**：用来设置弧线的宽度和高度。

● **类型**：可以选择创建开放式图形或闭合式图形。

● **基线轴**：可以指定弧线的方向，即沿水平方向（X 轴）绘制，或沿垂直方向（Y 轴）绘制。

● **斜率**：用来指定弧线的斜率和方向。其为负值则弧线向内凹入，为正值则弧线向外凸起。

● **弧线填色**：用当前的填充颜色为弧线围住的区域填色。

3.3.4 螺旋线

螺旋线工具 ◉ 可以创建螺旋线。

1. 创建螺旋线

选择螺旋线工具 ，拖曳鼠标可以创建螺旋线，如图3-119所示。拖曳鼠标的同时移动鼠标指针，可以旋转图形；按R键，可以调整螺旋线的方向，如图3-120所示；按住Ctrl键，可以调整螺旋线的紧密程度，如图3-121所示；按↑键螺旋线会增加；按↓键则减少螺旋线。

拖曳鼠标可创建螺旋线

图3-119

按R键拖曳鼠标可调整螺旋线的方向

图3-120

按住Ctrl键拖曳鼠标可调整螺旋线的紧密程度

图3-121

2. 按照精确尺寸创建螺旋线

如果要更加精确地绘制螺旋线，可以在画板中单击，打开"螺旋线"对话框进行设置，如图3-122所示。

"螺旋线"对话框介绍

图3-122

- **半径**：用来设置从中心到螺旋线最外点的距离。该值越大，螺旋的范围越大。

- **衰减**：用来设置每一螺旋相对于上一螺旋应减少的量，如图3-123和图3-124所示。

- **段数**：用来设置构成完整螺旋的弧线段的数量，如图3-125所示。

"衰减"为70%　"衰减"为80%　"段数"为5

图3-123　　　　图3-124　　　　图3-125

- **样式**：用来设置螺旋线的方向。

3.3.5 矩形网格

矩形网格工具 ▦ 可以创建矩形网格。

1. 创建矩形网格

选择矩形网格工具 ▦，在画板上拖曳鼠标，可以按照 Illustrator 预设的参数创建矩形网格。拖曳鼠标时按住 Shift 键，可以创建正方形网格；按住 Alt 键，会以起点为中心向外绘制网格；按 F 键或 V 键可调整网格中的水平分隔线的疏密倾向；按 X 键或 C 键，可调整垂直分隔线的疏密倾向；按↑键或↓键，可以增加或减少水平分隔线；按→键或←键，可以增加或减少垂直分隔线。图3-126所示为拖曳鼠标时使用辅助键创建的矩形网格。

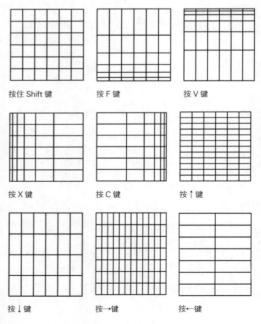

按住 Shift 键　　按 F 键　　　按 V 键

按 X 键　　　　按 C 键　　　按↑键

按↓键　　　　按→键　　　按←键

图3-126

2. 按照精确尺寸创建矩形网格

如果想自定义矩形网格的大小和网格线数量，可以在画板上单击，打开"矩形网格工具选项"对话框进行设置，如图 3-127 所示。

图 3-127

"矩形网格工具选项"对话框介绍

● **宽度/高度**：用来设置矩形网格的宽度和高度。

● **参考点定位器**▦：单击参考点定位器▦上的空心方块，可以确定网格的起点位置。

● **"水平分隔线"选项组**："数量"选项用来设置矩形网格顶部和底部之间的水平分隔线的数量。"倾斜"值决定了水平分隔线的分布倾向于上方或下方的方式。当"倾斜"值为 0% 时，水平分隔线的间距相同；该值大于 0% 时，水平分隔线的间距由上到下逐渐变小；该值小于 0% 时，水平分隔线的间距由下到上逐渐变小。

● **"垂直分隔线"选项组**："数量"选项用来设置矩形网格左侧和右侧之间的分隔线的数量。"倾斜"值决定了垂直分隔线的分布倾向于左方或右方的方式。当"倾斜"值为 0% 时，垂直分隔线的间距相同；该值大于 0% 时，垂直分隔线的间距由左到右逐渐变小；该值小于 0% 时，垂直分隔线的间距由右到左逐渐变小。

● **使用外部矩形作为框架**：勾选该选项后，将以单独的矩形对象替换顶部、底部、左侧和右侧

线段。使用编组选择工具▷拖曳对象，可以将该矩形与网格分离。

● **填色网格**：勾选该选项及"使用外部矩形作为框架"选项后，会以当前填充颜色为网格填色。

3.3.6 极坐标网格

极坐标网格工具⊛可以创建极坐标网格。

1. 创建极坐标网格

选择极坐标网格工具⊛，在画板上拖曳鼠标，可以创建极坐标网格。按住 Shift 键操作，可以绘制圆形网格；按住 Alt 键，会以起点为中心向外绘制极坐标网格；按↑键或↓键，可以增加或减少同心圆；按→键或←键，可以增加或减少径向分隔线；按 X 键，同心圆向网格中心聚拢；按 C 键，同心圆向边缘聚拢；按 V 键或 F 键，径向分隔线向顺时针或逆时针方向聚拢。图 3-128 所示为拖曳鼠标时使用辅助键创建的极坐标网格。

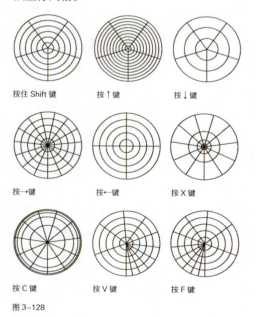

图 3-128

2. 按照精确尺寸创建极坐标网格

在画板上单击，打开"极坐标网格工具选

项"对话框，可以设置极坐标网格的精确参数，如图 3-129 所示。

图 3-129

"极坐标网格工具选项"对话框介绍

● **宽度/高度**：用来设置整个极坐标网格图形的宽度和高度。

● **参考点定位器**：可以确定绘制极坐标网格时的起始点位置。

● **"同心圆分隔线"选项组**："数量"选项用来设置出现在极坐标网格中的同心圆分隔线的数量。"倾斜"值决定了同心圆分隔线的分布倾向于中心或边缘的方式。当"倾斜"值为 0% 时，同心圆分隔线的间距相同；该值大于 0% 时，同心圆分隔线向边缘聚拢；该值小于 0% 时，同心圆分隔线向中心聚拢。

● **"径向分隔线"选项组**："数量"用来设置出现在极坐标网格中的径向分隔线的数量。"倾斜"值决定了径向分隔线的分布倾向于极坐标网格逆时针或顺时针方向的方式。当"倾斜"值为 0% 时，径向分隔线的间距相同；该值大于 0% 时，径向分隔线向逆时针方向聚拢；该值小于 0% 时，径向分隔线向顺时针方向聚拢。

● **从椭圆形创建复合路径**：勾选该选项后，可将同心圆转换为独立的复合路径，并每隔一个圆填色，如图 3-130 所示。

● **填色网格**：勾选该选项后，可用当前填充颜色为网格填色，如图 3-131 所示。

图 3-130　　　　　　图 3-131

3.4 课后习题

本章介绍了怎样绘制基本形状，以及通过填色和描边让图形可见并制作效果。完成下面的课后习题，有助于巩固本章所学知识。

3.4.1 问答题

1. 怎样将当前颜色调深或调浅？

2. 怎样保存颜色？

3. 使用基本图形绘制工具时，如果想创建具有精确尺寸的图形，该怎样操作？

3.4.2 操作题：邮票齿孔效果

视频位置	多媒体教学 >3.4.2 邮票齿孔效果 .mp4
技术掌握	通过修改描边制作邮票齿孔效果

本习题制作邮票齿孔效果，如图 3-132 所示。这种装饰性边框也可以用于海报、传单、名片等。

图 3-132

01 打开素材。使用矩形工具■创建与图像大小相同的矩形，如图 3-133 所示。设置描边粗细为

22pt，颜色为白色。单击"描边"面板"端点"选项组中的 按钮，勾选"虚线"选项并设置参数，创建邮票齿孔效果，如图 3-134 和图 3-135 所示。

图 3-133

图 3-134

图 3-135

02 创建一个矩形，添加图 3-136 所示的宽度配置文件。

图 3-136

03 打开邮戳素材，添加到当前文档中，如图 3-137 所示。

图 3-137

3.4.3 操作题：装饰艺术图形

视频位置	多媒体教学 >3.4.3 装饰艺术图形 .mp4
技术掌握	使用色板库，绘制几何状图形，添加和修改效果

本习题制作一组艺术图形，如图 3-138 所示。巧妙地运用图形元素可以为设计添加深度和层次感，增加设计的艺术性，使作品更加独特。

图 3-138

01 执行"窗口 > 色板库 > 渐变 > 金属"命令，打开"金属"面板。选择椭圆工具 ，在画板上单击，打开"椭圆"对话框，创建一个直径为 170px 的圆形，用图 3-139 所示的渐变描边，在控制栏中设置描边粗细为 1.3pt，效果如图 3-140 所示。

图 3-139

图 3-140

02 执行"效果 > 扭曲和变换 > 变换"命令，打开"变换效果"对话框，参数设置如图 3-141 所示，图形效果如图 3-142 所示。

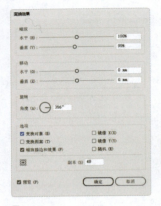

图 3-141

图 3-142

图 3-147

图 3-148

06 选择多边形工具 ⬡，在画板上单击，创建一个六边形，如图 3-149 和图 3-150 所示。

图 3-149

图 3-150

03 选择多边形工具 ⬡，在画板上单击，弹出"多边形"对话框，参数设置如图 3-143 所示，创建一个三角形（它会自动添加与圆形相同的渐变描边），如图 3-144 所示。

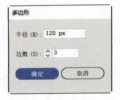

图 3-143

图 3-144

07 将鼠标指针放在右上角控制点外侧，按住 Shift 键拖曳，将图形旋转，如图 3-151 所示。

08 执行"效果 > 扭曲和变换 > 变换"命令，进行变换处理，如图 3-152 和图 3-153 所示。按住 Ctrl+Alt 键拖曳复制出一份图形，拖曳边角构件，将图形尖角改成圆角，如图 3-154 所示。

图 3-151

04 执行"效果 > 扭曲和变换 > 变换"命令，打开"变换效果"对话框，参数设置如图 3-145 所示，图形效果如图 3-146 所示。

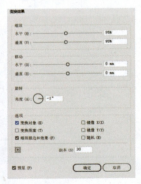

图 3-145

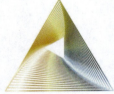

图 3-146

图 3-152

图 3-153

05 按住 Ctrl+Alt 键拖曳复制出一份图形，将鼠标指针放在边角构件上，如图 3-147 所示，进行拖曳，可以将尖角改成圆角，如图 3-148 所示。

图 3-154

第 4 章

绘制和编辑路径

本章导读

在 Illustrator 中，无论是简单的几何形状，还是复杂的 Logo 和插图，要想准确地绘制出来，都需要掌握绘制和编辑路径的方法。本章首先介绍路径的特征和锚点的用途，之后讲解怎样绘制路径、编辑锚点和路径。这些技能对于平面设计师、插画师和图形设计师来说都非常有用。

本章学习要点

1. 锚点的种类

2. 锚点的用途

3. 天鹅标志设计

4. 绘制转角曲线

5. 品牌牛奶 Logo 设计

6. 偏移路径

4.1 认识路径和锚点

矢量图形由锚点和路径构成，了解它们的特征，以及掌握路径的编辑方法是学好绘图的先决条件。

4.1.1 课堂案例：天气 App 界面设计

视频位置	多媒体教学 >4.1.1 天气 App 界面设计 .mp4
技术掌握	通过删除锚点得到开放路径的图形，用渐变描边路径

本例制作类似汽车仪表盘上的环形图，用来显示空气湿度的信息，如图 4-1 所示。环形图灵动、活跃，具有美观和易于理解等特点，用户可通过它迅速地得到数据。

图 4-1

01 打开素材。选择椭圆工具◯，按住 Shift 键拖曳鼠标创建一个圆形。单击控制栏中的 ♣ 按钮，让图形水平居中对齐，如图 4-2 所示。

图 4-2

02 选择剪刀工具 ✂，将鼠标指针移动到图 4-3 所示的锚点上并单击，将路径剪开。在图 4-4 所示的锚点上单击，将此处也剪开。

图 4-3

图 4-4

03 使用选择工具 ▶ 单击左上角那段路径，如图 4-5 所示，使用图 4-6 所示的渐变进行描边，效果如图 4-7 所示。

图 4-5

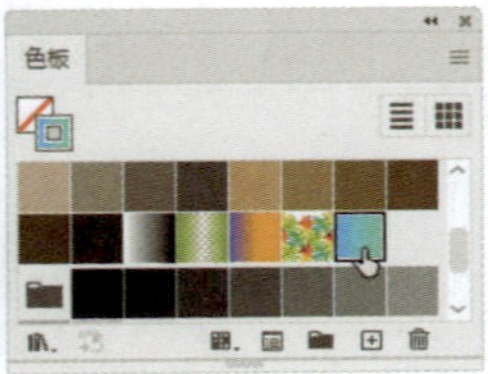

图 4-6

图 4-7

04 选择右下角那段路径，使用图 4-8 所示的色板描边，效果如图 4-9 所示。

图 4-8

图 4-9

05 勾选"虚线"选项并设置参数，如图 4-10 所示，创建虚线，如图 4-11 所示。

图 4-10　　　　　　图 4-11

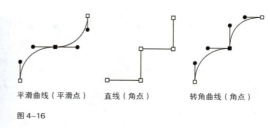

平滑曲线（平滑点）　　直线（角点）　　转角曲线（角点）

图 4-16

06 使用文字工具 **T** 和 "字符" 面板添加空气湿度信息（适当调大文字 "75%"），如图 4-12 和图 4-13 所示。

4.1.3　锚点的用途

曲线路径上的锚点具有方向线，方向线的端点是方向点，如图 4-17 所示。拖曳方向点、锚点和路径段本身，都能改变路径的形状。

1. 调整曲线的弧度

拖曳方向点可以调整方向线的方向和长度，进而拉动曲线，如图 4-18 所示。曲线的弧度由方向线的长度控制，方向线越长，曲线的弧度越大，如图 4-19 所示；反之，曲线的弧度会变小，如图 4-20 所示。

图 4-12　　　　　　图 4-13

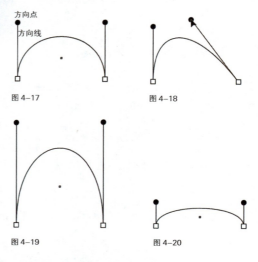

方向点

方向线

图 4-17　　　　　　　　图 4-18

图 4-19　　　　　　　　图 4-20

4.1.2　锚点的种类

路径由一个或多个直线或曲线路径段组成，路径段之间通过锚点连接，如图 4-14 所示。在开放的路径上，锚点还标记路径的起点和终点，如图 4-15 所示。

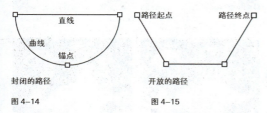

封闭的路径　　　　　　开放的路径

图 4-14　　　　　　　图 4-15

锚点分为平滑点和角点两种。平滑点连接的是平滑曲线，角点连接的则是直线或转角曲线，如图 4-16 所示。

2. 调整曲线上的平滑点

使用直接选择工具 ▷ 拖曳平滑点上的方向点，可以同时调整该平滑点两侧的路径段，如图 4-21 和图 4-22 所示。使用锚点工具 ⌐ 操作，则只调整与该方向线同侧的路径段，如图 4-23 所示。

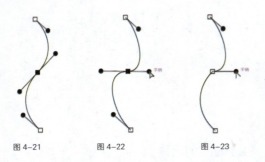

图 4-21　　　　　　图 4-22　　　　　　图 4-23

3. 调整曲线上的角点

　　图 4-24 所示为角点上的方向点。不管用直接选择工具 ▷ 还是用锚点工具 ▷ 拖曳，都只影响与它同侧的路径段，如图 4-25 和图 4-26 所示。

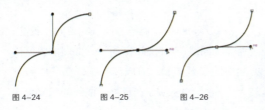

图 4-24　　　　　　图 4-25　　　　　　图 4-26

4.2　钢笔工具和曲率工具

　　钢笔工具 ✎ 可绘制直线、曲线和任意形状的图形，是 Illustrator 中极为重要的绘图工具。

4.2.1　课堂案例：天鹅标志设计

视频位置	多媒体教学 >4.2.1 天鹅标志设计 .mp4
技术掌握	用钢笔工具绘图，转换锚点类型

　　本例依照图片中的天鹅，设计一个简约风格的天鹅标志，如图 4-27 所示，从中练习钢笔工具 ✎ 的绘图方法。

图 4-27

01 打开素材，如图 4-28 所示。为便于观察路径，将描边设置为红色，无填色，如图 4-29 所示。

图 4-28　　　　　　图 4-29

02 选择钢笔工具 ✎，在图 4-30 所示的位置单击，然后沿天鹅除喙部外的上半身轮廓拖曳鼠标进行绘制，如图 4-31 所示。

图 4-30　　　　　　图 4-31

03 绘制到翅膀转折处时，如图 4-32 所示，将鼠标指针移动到锚点上，如图 4-33 所示，按住 Alt 键单击，将此平滑点转换为角点，此时它就只有一条方向线，如图 4-34 所示。在图 4-35 所示的位置拖曳鼠标，绘制出转角曲线。

图 4-32　　　　　　图 4-33

图 4-34　　　　　　图 4-35

04 按住 Alt 键单击当前锚点，也将其转换为角点，如图 4-36 所示，然后继续绘制，如图 4-37 所示。

图 4-36　　　　　　　　图 4-37

⑤ 按上述方法操作。遇到转折处时，先将平滑点转换为角点，再进行绘制。到达路径的起点时，将鼠标指针移动到起点上，如图 4-38 所示，单击封闭图形，如图 4-39 所示。

图 4-38　　　　　　　　图 4-39

⑥ 将天鹅的喙绘制出来，如图 4-40 所示。将天鹅的尾巴和腹部绘制出来。按住 Shift 键使用椭圆工具 ⬭ 创建一个圆形，按 Shift+Ctrl+[快捷键将其移至底层，如图 4-41 所示。修改天鹅的填充颜色，如图 4-42 所示。图 4-43 所示为将此图标用在招牌上的效果。

图 4-40　　　　　　　　图 4-41

图 4-42　　　　　　　　图 4-43

4.2.2　绘制直线

选择钢笔工具 ✒，在画板上单击创建锚点，如图 4-44 所示；在另一处位置单击，可以创建直线路径，如图 4-45 所示。按住 Shift 键操作，可创建水平、垂直或 45° 的其他整数倍方向的直线。继续在其他位置单击，继续绘制直线，如图 4-46 所示。

图 4-44　　　　　图 4-45　　　　　图 4-46

按住 Ctrl 键在空白处单击，或选择其他工具，可以结束绘制，得到开放的路径。如果要得到闭合路径，将鼠标指针移动到第一个锚点上，当鼠标指针变为 ✒。状时单击即可，如图 4-47 和图 4-48 所示。

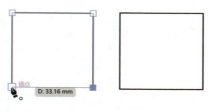

图 4-47　　　　　　　　图 4-48

💡 **小提示**

使用钢笔工具 ✒ 时，在画板上按下鼠标左键以后，不要释放鼠标左键，按住空格键拖曳，可以重新定位锚点。

4.2.3　绘制曲线

使用钢笔工具 ✒ 在画板上拖曳鼠标，创建平滑点，如图 4-49 所示；在另一个位置拖曳鼠标，可以创建一段曲线。如果拖曳方向与前一条方向线相同，创建的是 S 形曲线，如图 4-50 所示；如果方向相反，则可创建 C 形曲线，如图 4-51 所示。

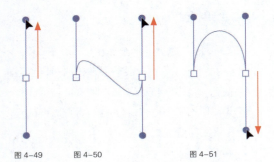

图 4-49　　　图 4-50　　　　　图 4-51

4.2.4　绘制转角曲线

　　绘制出一段曲线后，将鼠标指针移动到方向点上，按住 Alt 键，如图 4-52 所示；向相反方向拖曳，如图 4-53 所示，平滑点会转换为角点，下一段曲线也将沿此方向线展开；释放 Alt 键和鼠标左键，在下一处位置拖曳，可以绘制出转角曲线，如图 4-54 所示。

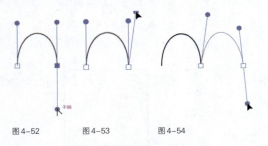

图 4-52　　　图 4-53　　　图 4-54

4.2.5　绘制曲线后接着绘制直线

　　用钢笔工具 ✐绘制曲线路径后，将鼠标指针放在最后一个锚点上，如图 4-55 所示；单击，将平滑点转换为角点，如图 4-56 所示；在其他位置单击，可以接着绘制出直线，如图 4-57 所示。

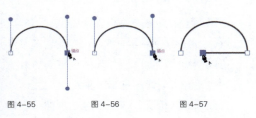

图 4-55　　　图 4-56　　　图 4-57

4.2.6　绘制直线后接着绘制曲线

　　用钢笔工具 ✐绘制一段直线路径。将鼠标指针放在最后一个锚点上，如图 4-58 所示，进行拖曳，拖出一条方向线，如图 4-59 所示；在其他位置拖曳鼠标，可在直线后面绘制出 C 形或 S 形曲线，如图 4-60 和图 4-61 所示。

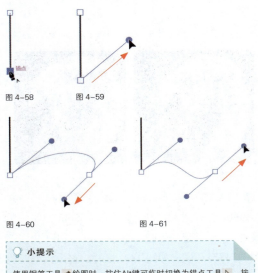

图 4-58　　　图 4-59

图 4-60　　　　　　　　图 4-61

> **💡 小提示**
>
> 使用钢笔工具 ✐绘图时，按住 Alt 键可临时切换为锚点工具 ▙，按住 Ctrl 键可临时切换为直接选择工具 ▙。切换工具后可以编辑锚点，修改路径。释放 Alt 键或 Ctrl 键，仍会恢复为钢笔工具 ✐，这样就不必中断绘图操作。

4.2.7　曲率工具

　　曲率工具 ✐可用于绘制路径，也可用于编辑锚点，使用起来比钢笔工具 ✐方便，但绘图精确度没有钢笔工具 ✐高。图 4-62 所示为使用该工具绘制的卡通头像。

图 4-62

编辑锚点

● **创建角点**：使用曲率工具 ✐ 时，在画板上双击或按住 Alt 键单击，可以创建角点。

● **转换锚点**：在角点上双击，可将其转换为平滑点；双击平滑点，可将其转换为角点。

● **移动锚点**：拖曳锚点，可进行移动，如图 4-63 所示。

● **添加/删除锚点**：在路径上非锚点处单击，可以添加锚点，如图 4-64 所示。单击一个锚点，按 Delete 键可将其删除，但曲线不会因此而断开。

图 4-63   图 4-64

4.3 铅笔工具

铅笔工具 ✐ 适合绘制草图等外形比较随意的图形，用起来就像用铅笔在纸上绘画一样。

4.3.1 课堂案例：卡通贴纸效果

视频位置	多媒体教学 >4.3.1 卡通贴纸效果 .mp4
技术掌握	学习使用铅笔工具绘制路径，用平滑工具修改路径

本例使用铅笔工具 ✐、平滑工具 ✐ 和"投影"效果制作卡通贴纸效果，如图 4-65 所示。

图 4-65

01 打开素材，如图 4-66 所示。选择铅笔工具 ✐，沿卡通人物的轮廓拖曳鼠标，绘制路径，如图 4-67 所示。

图 4-66   图 4-67

02 当鼠标指针移动到路径的起点时释放鼠标左键，闭合路径，如图 4-68 和图 4-69 所示。

图 4-68   图 4-69

03 选择平滑工具 ✐，路径上会显示锚点，如图 4-70 所示。在路径上不够光滑的地方拖曳鼠标，进行平滑处理，如图 4-71 所示。

图 4-70   图 4-71

04 按 Ctrl+A 快捷键全选，按 Ctrl+7 快捷键创建剪切蒙版，将路径之外的图像隐藏，如图 4-72 所示。

图4-72

05 执行"效果 > 风格化 > 投影"命令，为贴纸添加投影，如图4-73和图4-74所示。

图4-73

图4-74

06 执行"文件 > 置入"命令，置入背景图像。按Shift+Ctrl+[快捷键，将其移至底层，效果如图4-75所示。

图4-75

4.3.2 铅笔工具

铅笔工具 既能绘制路径，也可修改路径。

1. 绘制路径

选择铅笔工具 后，在画板中拖曳鼠标即可

绘制开放的路径；当鼠标指针移动到路径的起点时释放鼠标左键，可以闭合路径。如果想绘制出45°的整数倍方向的直线，可以按住Shift键拖曳；按住Alt键拖曳，可以像使用直线段工具 那样绘制出任意角度的直线。

2. 修改路径

• **修改路径形状**：将鼠标指针移到路径上，鼠标指针旁边的小"*"消失时，如图4-76所示，拖曳鼠标，可以修改路径形状，如图4-77所示。

• **延长路径**：在路径端点上，当鼠标指针变为 状时，向外拖曳可以延长路径，如图4-78所示。

图4-76   图4-77   图4-78

• **连接路径**：选中两条路径，将鼠标指针移动到一条路径的一个端点上，如图4-79所示，拖曳鼠标至另一条路径的一个端点上，可将这两条路径连接，如图4-80和图4-81所示。

图4-79   图4-80   图4-81

4.4 编辑锚点和路径

使用钢笔工具 或其他工具绘图时，很多图形不是一次就能绘制出来的，而是需要对路径进行修改，之后才能得到所需图形。

4.4.1 课堂案例：品牌牛奶 Logo 设计

视频位置	多媒体教学 >4.4.1 品牌牛奶 Logo 设计 .mp4
技术掌握	偏移路径，创建和修改文字

本例制作一个品牌牛奶 Logo，如图 4-82 所示。此设计灵感源自心形。心形代表着爱和关怀，也象征着安全感和责任心。

图 4-82

01 打开心形图形（制作方法见第 95 页），如图 4-83 所示。

图 4-83

02 使用编组选择工具 单击图形，将其选中，执行"对象 > 路径 > 偏移路径"命令，复制并向内偏移路径，如图 4-84 和图 4-85 所示。

图 4-84　　　　　图 4-85

03 再次执行"偏移路径"命令，制作出第 3 个图形，如图 4-86 所示。

图 4-86

04 将填色设置为当前编辑状态，为图形填充图 4-87 所示的渐变，效果如图 4-88 所示。

图 4-87　　　　　图 4-88

05 选择文字工具 T，在画板上单击并输入文字，如图 4-89 所示。

安心牛奶 MILK

图 4-89

06 在文字 MILK 上拖曳鼠标，选中文字，如图 4-90 所示，修改字体和颜色，如图 4-91 所示。

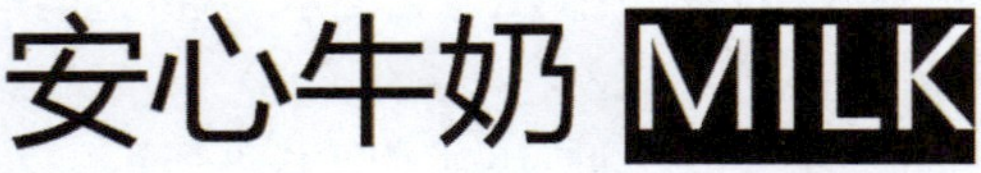

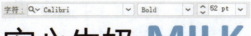

安心牛奶 MILK

图 4-90

字符：Calibri
Bold
52 pt
安心牛奶 MILK

图 4-91

07 使用椭圆工具创建椭圆形，填充浅灰色，如图 4-92 和图 4-93 所示。

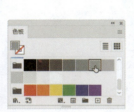

色板

图 4-92

安心牛奶 MILK

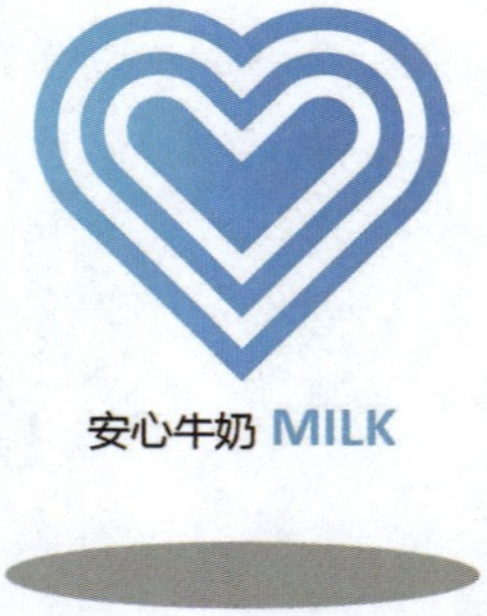

图 4-93

08 执行“效果 > 风格化 > 羽化”命令，对图形进行模糊处理，将其制作为淡淡的阴影，如图 4-94 和图 4-95 所示。

羽化
半径 (R)：39 pt
预览 (P)
确定
取消

图 4-94

安心牛奶 MILK

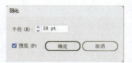

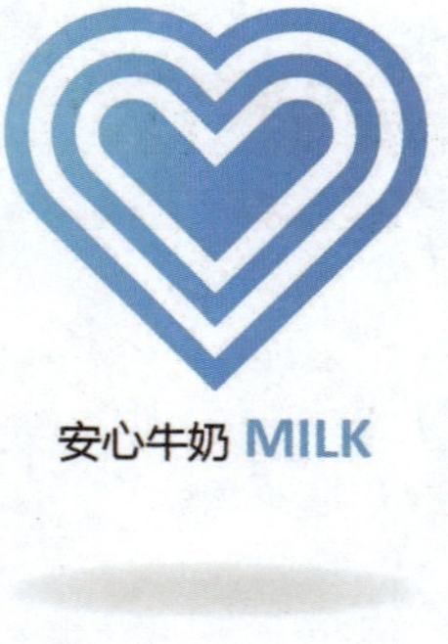

图 4-95

09 创建一个圆形，为它填充浅灰色，如图 4-96 所示。按 Shift+Ctrl+[快捷键将其移至底层，如图 4-97 所示。

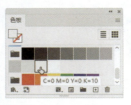

色板
C=0 M=0 Y=0 K=10

图 4-96

安心牛奶 MILK

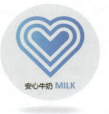

图 4-97

4.4.2 选择与移动锚点和路径

直接选择工具可以选择锚点、路径段和整个矢量图形，也可以对它们进行移动。

- **选择锚点**：将鼠标指针移动到一个锚点上，鼠标指针会变为状，锚点也随之变大，如图 4-98 所示。单击可以选择该锚点，如图 4-99 所示。

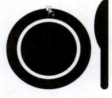

图 4-98

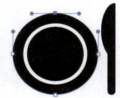

图 4-99

- **选择多个锚点**：按住 Shift 键单击各个锚点，可以将它们一同选中（选中的锚点变为实心方块）。按住 Shift 键单击被选中的锚点，则可取消选择该锚点。此外，拖曳出一个矩形选框，释放鼠标左键后，可以选中选框内的所有锚点，如图 4-100 和图 4-101 所示。

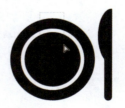

图 4-100

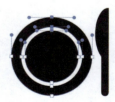

图 4-101

- **选择路径**：当鼠标指针在路径上变为状时，如图 4-102 所示，单击，可以选中路径段，如图 4-103 所示。接着，可通过按住 Shift 键单击路径段的方法，一同选中其他路径段或取消选中某一路径段。

图 4-102　　　　　　图 4-103

> **小提示**
>
> 选择套索工具 ，拖曳鼠标绘制一个选区，释放鼠标左键后，可以将选区内的锚点全部选中。

● **移动锚点**：拖曳锚点可将其移动，如图 4-104 所示。

● **移动路径**：拖曳路径段可将其移动，如图 4-105 所示。按住 Alt 键拖曳，可以复制图形。

图 4-104　　　　　　图 4-105

4.4.3　切换视图模式

当图形颜色与锚点颜色相同或较为接近时，选择锚点和路径就不太容易操作，如图 4-106 所示。遇到这种情况，可以执行"视图 > 轮廓"命令切换为轮廓模式（按 Ctrl+Y 快捷键可在轮廓模式和预览模式之间切换），如图 4-107 所示，这样处理起来就容易多了。

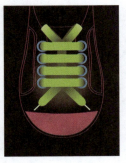
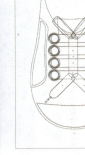

图 4-106　　　　　　图 4-107

> **小提示**
>
> 按住Ctrl键单击一个包含子图层的眼睛图标 ，可将其中的对象切换为轮廓模式（此时眼睛图标变为 状）。按住Ctrl键单击 图标，可切换回预览模式。

4.4.4　保存选择状态

如果经常编辑某些锚点或图形，可在选择之后，执行"选择 > 存储所选对象"命令，将其选择状态保存起来，如图 4-108 所示。以后在"选择"菜单底部找到该选择状态，便可将对象选中。

图 4-108

4.4.5　转换锚点

使用直接选择工具 ▷ 选中图形后，如图 4-109 所示，可以通过锚点工具 ⌐ 转换锚点。

图 4-109

1. 转换为角点

使用锚点工具 ⌐ 单击平滑点，可将其转换为角点，如图 4-110 所示。拖曳平滑点一侧的方向点，可将其转换成具有独立方向线的角点，如图 4-111 所示。

图 4-110

图 4-111

2. 转换为平滑点

从角点上向外拖曳鼠标，拖出方向线，可将其转换为平滑点，如图 4-112 和图 4-113 所示。

图 4-112

图 4-113

4.4.6 添加和删除锚点

可以根据编辑需要来添加或删除路径上的锚点。例如，对于曲线路径，减少锚点，可以让路径更加平滑。

1. 用工具添加锚点

使用添加锚点工具 在路径上单击，可以添加锚点，如图 4-114 和图 4-115 所示。

图 4-114

图 4-115

2. 用命令添加锚点

使用直接选择工具 单击路径，将其选中，执行"对象 > 路径 > 添加锚点"命令，可在每两个锚点的中间添加一个锚点，如图 4-116 所示。

图 4-116

3. 用工具删除锚点

使用删除锚点工具 单击锚点，可将其删除。删除锚点时路径不会断开，但其形状会因锚点减少而发生改变。

4. 用命令删除多个锚点

如果想一次删除多个锚点，可以用直接选择工具 或套索工具 将其选中，再执行"对象 > 路径 > 移去锚点"命令。

4.4.7 均匀分布锚点

使用直接选择工具 选择多个锚点，如图 4-117 所示，执行"对象 > 路径 > 平均"命令（快捷键为 Alt+Ctrl+J），打开"平均"对话框，如图 4-118 所示。设置选项并单击"确定"按钮，可以让锚点均匀分布。

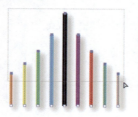

图 4-117

图 4-118

"平均"对话框选项介绍

● **水平**：锚点沿同一水平轴均匀分布，如图 4-119 所示。

● **垂直**：锚点沿同一垂直轴均匀分布，如图 4-120 所示。

● **两者兼有**：所选锚点集中到一起，如图 4-121 所示。

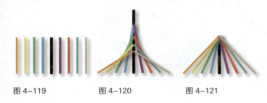

图 4-119   图 4-120   图 4-121

4.4.8 连接路径

绘图时可以用连接锚点的方法将两条路径连接成一条路径，或者将一条路径上的两个端点连接起来，使其成为闭合的图形。

1. 连接路径

使用直接选择工具 ▷ 选择需要连接的锚点，单击控制栏中的 ▱ 按钮或执行"对象 > 路径 > 连接"命令（快捷键为 Ctrl+J），可以连接路径。

2. 连接交叉的路径

如果路径交叉，如图 4-122 所示，用上面的方法连接之后会是图 4-123 所示的结果。如果需要将交叉区域的路径删除，可以用连接工具 ✎ 处理，而且不需要预先选中路径，只要在锚点上拖曳，如图 4-124 所示，便可连接路径并删除交叉部分，如图 4-125 所示。

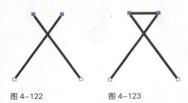

图 4-122   图 4-123

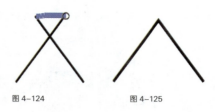

图 4-124   图 4-125

3. 连接并修改路径

连接工具 ✎ 还能针对图 4-126 和图 4-127 所示的两种情况自动对路径进行扩展和裁切。

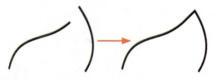

扩展短路径并连接

图 4-126

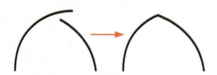

裁切长路径，扩展短路径，然后将其连接

图 4-127

4.4.9 偏移路径

制作同心圆或相互之间保持固定距离的多个对象时，只需制作出一个基本图形，如图 4-128 所示，然后执行"对象 > 路径 > 偏移路径"命令，就能从所选图形复制出新的图形。图 4-129 所示为"偏移路径"对话框。

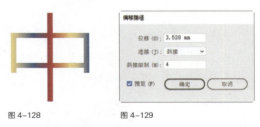

图 4-128   图 4-129

"偏移路径"对话框选项介绍

● **位移**：用来设置新路径的偏移距离。该值为正值，路径向外扩展；为负值，路径向内收缩。

- **连接**：可以设置拐角的连接方式，如图 4-130 所示。

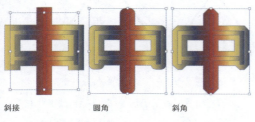

斜接　　　　　　圆角　　　　　　斜角

图 4-130

- **斜接限制**：控制角度的变化范围。该值越高，角度变化的范围越大。

4.4.10 平滑路径

如果想减少曲线路径上多余的锚点，让路径更加平滑，可以通过下面的方法操作。

1. 简化路径

选择图形后，如图 4-131 所示，执行"对象 > 路径 > 简化"命令，画板上会显示组件。拖曳圆形滑块可以减少锚点数量，如图 4-132 所示；单击 按钮可以自动简化锚点；单击 按钮，可以打开"简化"对话框设置更多选项。

图 4-131　　　　　　图 4-132

2. 用工具平滑路径

选择路径，如图 4-133 所示，使用平滑工具 在路径上反复拖曳，可以减少锚点并使路径变得越来越平滑，效果如图 4-134 所示。

图 4-133　　　　　　图 4-134

4.4.11 轮廓化描边

选择添加了描边的图形后，如图 4-135 所示，执行"对象 > 路径 > 轮廓化描边"命令，可以将描边转换为封闭的图形，如图 4-136 所示。生成的图形会与原填充对象编组。

图 4-135

图 4-136

4.4.12 删除路径

使用直接选择工具 单击路径段，如图 4-137 所示，按 Delete 键可将其删除，封闭的路径会变为开放式路径，如图 4-138 所示。再按一下 Delete 键，可删除其余路径。

图 4-137　　　　　　图 4-138

4.4.13 剪断路径

选择路径，使用剪刀工具 在其上单击，

如图 4-139 所示，可以将路径一分为二。分割处会生成两个重叠的锚点，可以使用直接选择工具 ▷ 将它们移开，如图 4-140 所示。

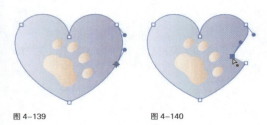

图 4-139   图 4-140

4.4.14 剪切图形

使用以下方法可以将图形裁切开。

1. 用美工刀工具裁切

选择美工刀工具 ✐（无须选中对象），在图形上拖曳鼠标，可对其进行裁切，如图 4-141 和图 4-142 所示。

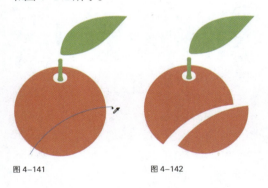

图 4-141   图 4-142

2. 用命令裁切

由于是手动操作，使用美工刀工具 ✐ 裁切的图形往往不够规整。如果想得到整齐的裁切效果，可以在图形上绘制出相应形状的路径，如图 4-143 所示，然后执行"对象 > 路径 > 分割下方对象"命令，对下层的图形进行分割。图 4-144 所示为用编组选择工具 ▷ 将图形移开后的效果。

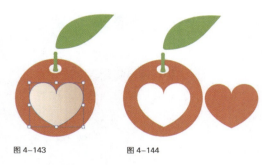

图 4-143   图 4-144

4.4.15 擦除图形

如果图形中有多余的部分，可以采用擦除的方法将其删除。

1. 用路径橡皮擦工具擦除

选择图形，如图 4-145 所示，使用路径橡皮擦工具 ✐ 在路径上拖曳鼠标，可以擦除路径，如图 4-146 所示。

2. 用橡皮擦工具擦除

需要进行大面积擦除时，可以使用橡皮擦工具 ◆ 处理，如图 4-147 所示。

图 4-145   图 4-146   图 4-147

使用该工具时，不必选择对象。如果只想擦除某一图形而不破坏其他对象，可以先将对象选中，再进行擦除。

使用橡皮擦工具 ◆ 时，按] 键或 [键可调整工具的大小；按住 Alt 键拖曳，可以拖出一个矩形选框，并擦除选框范围内的图形；按住 Shift 键拖曳，可以将擦除方向限制为垂直、水平或对角线方向。

4.4.16 将图形分割为网格

制作图文信息较多的 App 页面、促销单、杂志、书籍时，使用网格划分版面，限定图文信息的位置，可以使版面更加充实、规整，如图 4-148 所示。

图 4-148

如果想制作此类版面，只需创建一个矩形，执行"对象 > 路径 > 分割为网格"命令，打开"分割为网格"对话框，如图 4-149 所示，设置网格大小、数量及间距即可，如图 4-150 所示。

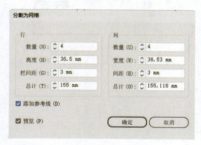

图 4-149

图 4-150

"分割为网格"对话框选项介绍

●"列"选项组：在"数量"选项内可以设置矩形的列数；"宽度"选项用来设置矩形的宽度；"间距"选项用来设置列与列的间距；"总计"用来设置矩形的总宽度，增大该值时，Illustrator 会增大每一个矩形的宽度，从而达到增大整个矩形宽度的目的。

●添加参考线：勾选该选项，会以阵列的矩形为基准创建类似参考线的网格，如图 4-151 所示。如果想让矩形网格成为参考线，可以取消该选项的勾选，创建网格后，执行"视图 > 参考线 > 建立参考线"命令，如图 4-152 所示。

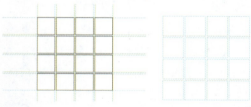

图 4-151   图 4-152

●"行"选项组：在"数量"选项内可以设置矩形的行数；"高度"选项用来设置矩形的高度；"栏间距"选项用来设置行与行的间距；"总计"选项用来设置矩形的总高度，增大该值时，Illustrator 会增大每一个矩形的高度，从而达到增大整个矩形高度的目的。图 4-153 所示是设置"总计"为 100mm 时的网格，图 4-154 所示是设置"总计"值为 140mm 时的网格，此时每一个矩形的高度都增大了，但行与行的间距没有变。

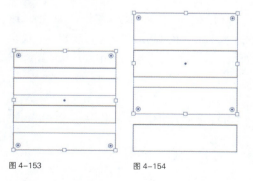

图 4-153   图 4-154

4.5 课后习题

本章介绍了 Illustrator 中与路径相关的各种概念、工具和命令。学会绘制和编辑路径非常重要，因为这些技能是创建矢量图形的基础。完成下面的课后习题，有助于巩固本章所学知识。

4.5.1 问答题

1. 直接选择工具 ▷ 和锚点工具 ┡ 都可修改路径的形状。这两个工具的相同点是什么？不同之处体现在哪里？

2. 请提供两种以上将角点转换为平滑点的方法。

3. 简述剪刀工具 ✂、美工刀工具 ✐、橡皮擦工具 ◆ 和路径橡皮擦工具 ✐ 的用途及区别。

4.5.2 操作题：双重纹理字

视频位置	多媒体教学 >4.5.2 双重纹理字 .mp4
技术掌握	用路径分割图形，添加效果

本习题使用路径分割文字，再对文字的不同部分添加效果，制作特效字，如图 4-155 所示。

图 4-155

01 选择文字工具 T，在画板上单击并输入文字，如图 4-156 所示。

02 执行"文字 > 创建轮廓"命令，将文字转换为路径。选择直线段工具 ╱，按住 Shift 键拖曳鼠标，创建一条斜线，如图 4-157 所示。

图 4-156   图 4-157

03 执行"对象 > 路径 > 分割下方对象"命令，用路径将文字分割开。使用编组选择工具 ▷＋ 选择左半部文字，修改填充颜色，如图 4-158 和图 4-159 所示。

图 4-158   图 4-159

04 执行"效果 > 像素化 > 点状化"命令，添加网点效果，如图 4-160 和图 4-161 所示。

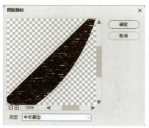

图 4-160   图 4-161

05 选中右半边文字，执行"效果 > 像素化 > 铜版雕刻"命令，制作划痕效果，如图 4-162 和图 4-163 所示。

图 4-162   图 4-163

4.5.3 操作题：美猴王饮品趣味包装

视频位置	多媒体教学 >4.5.3 美猴王饮品趣味包装 .mp4
技术掌握	用钢笔工具绘图，修改路径

本习题使用插画元素对饮品包装进行改造，制作充满童趣和活力的视觉效果，如图 4-164 所示。

图 4-164

01 打开饮料素材，如图 4-165 所示。设置颜色为深红色，使用钢笔工具 ✍ 绘制美猴王的两只手臂，如图 4-166~ 图 4-170 所示。

图 4-165

图 4-166

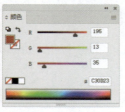

图 4-167

图 4-168

图 4-169

图 4-170

02 使用直线段工具 ✏ 绘制一条斜线，作为金箍棒，如图 4-171 所示。

03 修改描边颜色，如图 4-172 所示。单击"描边"面板中的 ⬤ 按钮，将路径端点设置为圆头，

图 4-171

将"粗细"设置为 12pt，如图 4-173 和图 4-174 所示。图 4-175 所示为添加文字制作成的海报效果。

图 4-172

图 4-173

图 4-174

图 4-175

第 5 章

组合图形

本章导读

本章介绍"路径查找器"面板、形状生成器工具、Shaper 工具和缠绕功能，它们可以组合现有图形，进而生成新的形状。在需要创建复杂图形、图案或手绘风格图稿的情况下，使用它们可以更加高效地完成工作。

本章学习要点

1. 文创商店 Logo

2. "路径查找器"面板介绍

3. 矛盾空间图形

4. 组合和分割图形

5. 编辑 Shaper 组中的形状

6. 中国结

5.1 "路径查找器"面板

在 Illustrator 中，简单的图形通过不同的方法组合可以构建成复杂的图形，这比使用钢笔等工具绘制出来要容易得多。

5.1.1 课堂案例：文创商店 Logo

视频位置	多媒体教学 >5.1.1 文创商店 Logo.mp4
技术掌握	轮廓化描边，对齐和变换技巧，分割对象

本例制作一个图形化 Logo，如图 5-1 所示。数字"8"采用回形纹来表现，以确保标志简洁、易于识别，与文创商店的整体品牌和理念相一致。

图 5-1

01 选择极坐标网格工具 ◙，在画板上单击，打开"极坐标网格工具选项"对话框，参数设置如图 5-2 所示，创建一组圆环图形。

02 设置描边颜色为橙色，无填色，如图 5-3 所示。设置描边"粗细"为 12pt，单击 ◰ 按钮，使描边沿路径内侧对齐，如图 5-4 和图 5-5 所示。

图 5-2

图 5-3

图 5-4

图 5-5

03 执行"对象 > 路径 > 轮廓化描边"命令，将描边转换为圆环图形。选择椭圆工具 ◯，在画板上单击，打开"椭圆"对话框，参数设置如图 5-6 所示，创建与圆环大小相同的圆形，如图 5-7 所示。

图 5-6

图 5-7

04 使用选择工具 ▶ 将圆形拖曳到圆环上，显示图 5-8 所示的智能参考线时释放鼠标左键。

图 5-8

05 执行"窗口 > 变换"命令，打开"变换"面板，参数设置如图 5-9 所示，将圆形修改成饼图状，如图 5-10 所示。

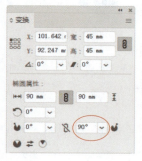

图 5-9

图 5-10

06 按 Ctrl+A 快捷键全选，如图 5-11 所示，单击"路径查找器"面板中的 ▣ 按钮，如图 5-12 所示，将图形的重叠部分分割开并删除。

图 5-11

图 5-12

07 在空白处单击取消选择。使用编组选择工具 ▷ 在饼图上单击，将其选中，如图 5-13 所示，按 Delete 键删除，如图 5-14 所示。

图 5-13

图 5-14

08 按 Ctrl+A 快捷键全选，双击旋转工具 ↻，打开"旋转"对话框，设置"角度"为 180°，单击"复制"按钮，如图 5-15 所示，复制并旋转图形，如图 5-16 所示。

图 5-15

图 5-16

09 选择选择工具 ▶，按住 Shift 键向下拖曳，移动图形，如图 5-17 所示。

图 5-17

10 使用直排文字工具 ┃T 输入文字，如图 5-18 和图 5-19 所示。使用文字工具 T 输入经营项目，如图 5-20 所示。创建一个矩形作为背景，填充浅米色，如图 5-21 所示。

图 5-18

图 5-19

图 5-20

图 5-21

5.1.2 "路径查找器"面板介绍

图 5-22 所示为"路径查找器"面板。当多个图形重叠时，如图 5-23 所示，可以将它们选中后，通过该面板进行组合或分割。

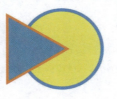

图 5-22　　　　　　　图 5-23

"路径查找器"面板介绍

● **联集** ：将所选对象合并。合并后，轮廓线及其重叠的部分融合在一起，最前面对象的填色和描边决定了合并后的对象的填色和描边，如图 5-24 所示。

● **减去顶层** ：用最后面的图形减去其前方的图形，保留最后方图形的填色和描边，如图 5-25 所示。

图 5-24　　　　　　　图 5-25

● **交集** ：只保留重叠部分，删除其他部分。重叠处显示为最前方图形的填色和描边，如图 5-26 所示。

● **差集** ：只保留非重叠部分，重叠部分被挖空，最终的图形显示为最前方图形的填色和描边，如图 5-27 所示。

图 5-26　　　　　　　图 5-27

● **分割** ：对重叠区域进行分割，使之成为单独的图形。分割后可保留原图形的填色和描边，如图 5-28 所示。

● **修边** ：将后方图形的重叠部分删除，保留

对象的填色，无描边，如图 5-29 所示。

图 5-28　　　　　　　图 5-29

● **合并** ：重叠对象的填色不同时，合并功能与修边功能相同，如图 5-30 所示；重叠对象的填色相同时，合并功能会将其合并。

● **裁剪** ：只保留重叠部分，最终的图形无描边，并显示为最后方图形的填色，如图 5-31 所示。

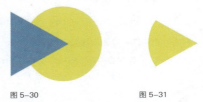

图 5-30　　　　　　　图 5-31

● **轮廓** ：只保留图形的轮廓，轮廓颜色为其自身的填色，如图 5-32 所示。

● **减去后方对象** ：用最前方的图形减去其后方的所有图形，保留最前方图形的非重叠部分及填色和描边，如图 5-33 所示。

图 5-32　　　　　　　图 5-33

5.1.3 复合形状

使用"路径查找器"面板组合对象时，会改变图形的原始结构。就是说，图形会变为新的形状。如果想保留原始图形，可以通过创建复合形状的方法来组合对象。

1. 创建复合形状

选择图形，如图 5-34 所示，按住 Alt 键单击"形状模式"选项组中的各个按钮，如"差集"

按钮，如图 5-35 所示，可以创建复合形状，如图 5-36 所示。

图 5-34

图 5-35

图 5-36

> 💡 **小提示**
>
> 图形、路径、编组对象、混合、文本、封套扭曲对象、变形对象、复合路径、其他复合形状等都可以用来创建复合形状。在"图层"面板中，复合形状以组的形式存在，名称为"复合形状"。

2. 修改复合形状

使用直接选择工具 ▷ 和编组选择工具 ▷ 都可以选择复合形状中的图形。选择后，可以像处理普通图形那样进行移动和旋转，以及修改填色、样式和透明度等属性，如图 5-37 和图 5-38 所示。也可以修改对象的形状。

图 5-37

图 5-38

此外，按住 Alt 键单击"形状模式"选项组的按钮，还可以改变形状模式，如图 5-39 和图 5-40 所示。

图 5-39

图 5-40

5.1.4 扩展复合形状

单击"路径查找器"面板中的"扩展"按钮，可以删除多余的路径，将复合形状中的各个对象转换为可单独编辑的图形。

5.1.5 释放复合形状

如果想释放复合形状，即将原有图形重新分离出来，可以打开"路径查找器"面板菜单，执行"释放复合形状"命令，其中的各个对象可以恢复为创建复合形状前的填充内容和样式。

5.2 形状生成器工具

形状生成器工具 ◔ 是一个通过合并或擦除简单形状来构建复杂形状的交互式工具。

5.2.1 课堂案例：矛盾空间图形

视频位置	多媒体教学 >5.2.1 矛盾空间图形 .mp4
技术掌握	对齐图形，使用形状生成器工具修改图形

本例制作一个矛盾空间图形，如图 5-41 所示。所谓矛盾空间，就是创作者刻意违背透视原理，利用平面的局限性及视觉的错觉，制造出的实际空间中无法存在的空间形式，如图 5-42 所示。这是一种非常独特的图形创意方法。

图 5-41

《相对性》（埃舍尔）

图 5-42

01 打开实例素材。选择椭圆工具 ◯，按住 Shift 键拖曳鼠标，创建一个圆形，如图 5-43 所示。按 Ctrl+C 快捷键复制圆形，按 Ctrl+F 快捷键贴在前面。按住 Alt+Shift 键拖曳控制点，将圆形缩小，如图 5-44 所示。

图 5-43　　　　　　　图 5-44

02 按 Ctrl+A 快捷键全选，单击控制栏中的 ▆ 按钮和 ▐ 按钮对齐图形，如图 5-45 所示。使用选择工具 ▶ 单击小圆，按住 Alt+Shift 键向下拖曳，复制出一份，如图 5-46 所示。

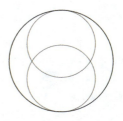

图 5-45　　　　　　　图 5-46

03 按 Ctrl+A 快捷键选择所有图形。选择形状生成器工具 ◔，将鼠标指针移动到图形上，鼠标指针变为 ▶₊ 状时，如图 5-47 所示，向临近的图形拖曳，如图 5-48 所示，将两个图形合并，如图 5-49 所示。

图 5-47

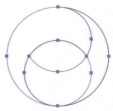

图 5-48　　　　　　　图 5-49

04 合并另外两个图形，如图 5-50 和图 5-51 所示。

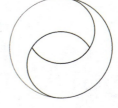

图 5-50　　　　　　　图 5-51

> 💡 **小提示**
>
> 按住 Alt 键（鼠标指针会变为 ▶ 状）单击边缘，可删除边缘。按住 Alt 键单击一个图形（或多个图形的重叠区域），可以删除图形（或重叠区域）。

88

05 使用选择工具 ▶ 选择左上方图形，单击"色板"面板中图 5-52 所示的渐变，为图形填充该渐变，如图 5-53 所示。为右下方的图形填充相同的渐变，然后单击"渐变"面板中的 按钮，如图 5-54 所示，反转渐变顺序，如图 5-55 所示。

图 5-52　　　　　　图 5-53

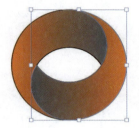

图 5-54　　　　　　图 5-55

06 按 Ctrl+A 快捷键全选，在控制栏中将描边删除，如图 5-56 所示。使用矩形工具 □ 创建一个矩形，填充渐变后，按 Shift+Ctrl+[快捷键移至底层作为背景，如图 5-57 所示。

图 5-56　　　　　　图 5-57

5.2.2 形状生成器工具选项

　　双击形状生成器工具 ，可以打开"形状生成器工具选项"对话框，如图 5-58 所示。

"形状生成器工具选项"对话框介绍

● **间隙检测/间隙长度**：勾选"间隙检测"选项后，可在"间隙长度"下拉列表设置间隙长度。如果想要定义精确的长度，可在该下拉列表中选择"自定"选项，然后设置间隙长度值，此后 Illustrator 会查找接近指定间隙长度值的间隙，因此应确保间隙长度值与实际想要间隙长度接近。

图 5-58

● **将开放的填色路径视为闭合**：勾选该选项后，将为开放的路径创建一个不可见的边缘以封闭图形，单击图形内部时会创建一个形状。

● **在合并模式中单击"描边分割路径"**：勾选该选项后，在进行合并图形操作时，单击描边可分割路径；在拆分路径时，鼠标指针会变为 状。

● **拾色来源/光标色板预览**：在"拾色来源"下拉列表中选择"颜色色板"选项，可以从颜色色板中选择颜色来给对象上色，此时可勾选"光标色板预览"选项，预览和选择颜色，Illustrator 会提供实时上色风格鼠标指针色板，它允许使用方向键循环选择"色板"面板中的颜色；选择"图稿"选项，则从当前图稿所用的颜色中选择颜色。

● **填充**：勾选该选项后，当鼠标指针位于可合并的路径上时，路径区域会以灰色突出显示。

● **可编辑时突出显示描边/颜色**：勾选"可编辑时突出显示描边"选项后，当鼠标指针位于图形上时，Illustrator 会突出显示可编辑的描边。在"颜色"选项中可以修改显示颜色。

● **重置**：恢复为 Illustrator 默认的参数设置。

5.3 Shaper 工具

Shaper 工具 ✏ 既可以绘制基本的形状，也能组合图形，创建复杂而美观的设计。使用该工具时，还可通过简单的手势，执行以前需要多个步骤才能完成的操作。

5.3.1 课堂案例：扁平化图标

视频位置	多媒体教学 >5.3.1 扁平化图标 .mp4
技术掌握	使用 Shaper 工具绘制和修改形状，填充渐变

扁平化设计的理念是通过抽象和简化，将设计元素减少至最简单的形式，以更加清晰和简洁的方式传达信息，如图 5-59 所示。扁平化设计适合 UI、移动应用界面和网页设计等领域，可以提供更好的互动和用户体验。

图 5-59

01 创建一个 A4 纸大小、横向的 RGB 颜色模式文件。使用矩形工具 ▧ 创建一个与画板大小相同的矩形，填充图 5-60 所示的颜色，将其锁定，如图 5-61 所示。

图 5-60　　　　　　图 5-61

02 创建一个图层，如图 5-62 所示。使用 Shaper 工具 ✏ 绘制两个圆形，如图 5-63 所示。

图 5-62　　　　　　图 5-63

03 在图 5-64 所示的位置以折线的形式拖曳鼠标，分割出一个月牙图形，如图 5-65 所示。取消描边，如图 5-66 所示。

图 5-64

图 5-65　　　　　　图 5-66

04 使用 Shaper 工具 ✏ 绘制两个三角形山峰并填充渐变，如图 5-67~图 5-70 所示。

图 5-67　　　　　　图 5-68

图 5-69　　　　　　图 5-70

05 绘制一个矩形，按 Shift+Ctrl+[快捷键移至底层。填充渐变，如图 5-71 和图 5-72 所示。

图 5-71

图 5-72

06 绘制一个圆形，设置描边颜色为白色并调整粗细，如图 5-73 和图 5-74 所示。

图 5-73

图 5-74

07 按 Ctrl+C 快捷键复制圆形。按 Ctrl+A 快捷键全选，按 Ctrl+7 快捷键创建剪切蒙版，将圆形以外的图形隐藏，如图 5-75 所示。单击"图层 1"，如图 5-76 所示，按 Ctrl+F 快捷键将圆形粘贴到该图层中，使其位于剪切蒙版的下层，如图 5-77 和图 5-78 所示。

图 5-75

图 5-76

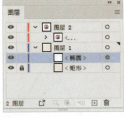

图 5-77

图 5-78

08 使用钢笔工具绘制阴影并填充渐变颜色，按 Ctrl+[快捷键将其调整到圆形下层，如图 5-79

和图 5-80 所示。

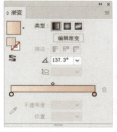

图 5-79

图 5-80

09 创建一个图层并拖曳到"图层 2"上层，如图 5-81 所示。使用星形工具创建几颗小星星。也可以添加其他图形素材，如狮子、大象、小鹿等来丰富画面，如图 5-82 所示。

图 5-81

图 5-82

5.3.2 生成实时形状

Shaper 工具能识别用户的手势，并根据手势生成实时形状。例如，用户用它画一个歪歪扭扭的方框，它会"善解人意"地将其变成规规矩矩的正方形。此外，矩形、圆形、椭圆、三角形、多边形和直线，也都能用它轻松地绘制出来，如图 5-83 所示。

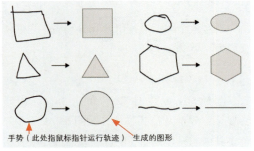

手势（此处指鼠标指针运行轨迹） 生成的图形

图 5-83

91

5.3.3 组合和分割图形

Shaper 工具 ✐ 绘制出的是实时形状，即可编辑的图形。当多个图形堆叠在一起时，使用该工具可通过 4 种方法进行组合和分割，如图 5-84 所示（黑色折线代表拖曳鼠标运行轨迹）。

手势（此处指拖曳鼠标运行轨迹） 图形分割、组合效果

图 5-84

5.3.4 编辑 Shaper 组中的形状

当对多个图形进行组合和分割后，它们便会成为一个 Shaper 组。

1. 表面选择模式

选择 Shaper 工具 ✐，单击 Shaper 组时会显示定界框及箭头构件，如图 5-85 所示。单击其中的一个形状，可进入表面选择模式，

如图 5-86 所示，此时可以修改填充颜色，如图 5-87 所示。

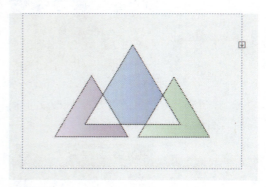

图 5-85

图 5-86

图 5-87

2. 构建模式

双击一个形状，或者单击定界框上的 ⊡ 图标，可以进入构建模式，此时可对形状进行修改，如图 5-88 所示。例如，调整图形大小或进行旋转，如图 5-89 所示。如果将该形状拖出定界框外，则会将它从 Shaper 组中释放出来，如图 5-90 所示。

图 5-88

图 5-89

图 5-90

5.4 缠绕功能

使用缠绕功能可以让文字、图形等交织在一起。当对象相互交织时，能创建复杂而有序的图案，在视觉上形成层次感和有趣的效果。

5.4.1 课堂案例：中国结

视频位置	多媒体教学 >5.4.1 中国结 .mp4
技术掌握	使用缠绕功能制作中国结

本例制作一个中国结，如图 5-91 所示。中国结象征着团圆、和谐、健康和幸福。其美丽的结构和美好的寓意可以在设计中增添传统文化元素和节日氛围。

图 5-91

01 选择圆角矩形工具 ▭，在画板上单击，打开"圆角矩形"对话框，参数设置如图 5-92 所示，创建一个圆角矩形，如图 5-93 所示。

图 5-92

图 5-93

02 执行"窗口 > 色板库 > 渐变 > 蜡笔"命令，打开"蜡笔"面板，用图 5-94 所示的渐变为图形描边，如图 5-95 所示。

图 5-94   图 5-95

03 将鼠标指针移动到定界框外，如图 5-96 所示，按住 Shift 键拖曳，将图形旋转 45°，如图 5-97 所示。

图 5-96   图 5-97

04 将鼠标指针移动到图形上，按住 Ctrl+Alt+Shift 键向右上方拖曳，复制出一份图形，如图 5-98 所示。修改描边颜色，如图 5-99 和图 5-100 所示。

图 5-98

图 5-99   图 5-100

05 按 Ctrl+A 快捷键全选，按 Ctrl+C 快捷键复制，按 Ctrl+F 快捷键粘贴到前方。将鼠标指针移动到定界框右下角，如图 5-101 所示，按住 Shift 键拖曳，旋转图形，如图 5-102 所示。使用选择工具 ▶ 单击图形，修改描边颜色，如图 5-103 所示。

图 5-101   图 5-102

图 5-103

06 按 Ctrl+A 快捷键全选，执行"对象 > 缠绕 > 建立"命令。将鼠标指针移动到图 5-104 所示的位置，围绕交叉处拖曳鼠标，定义缠绕范围，如图 5-105 所示，释放鼠标左键后，可以得到缠绕效果，如图 5-106 所示。

图 5-104

图 5-105

图 5-106

07 采用同样的方法处理另一个部位，如图 5-107~ 图 5-109 所示。

图 5-107

图 5-108

图 5-109

08 处理图 5-110 所示的部位，效果如图 5-111 所示。

图 5-110　　　　　　　　　　图 5-111

09 处理图 5-112 所示的部位，效果如图 5-113 所示。

图 5-112　　　　　　　　　　图 5-113

10 执行"效果 > 风格化 > 投影"命令，为图形添加投影，如图 5-114 和图 5-115 所示。

图 5-114　　　　　　　　　　图 5-115

11 创建一个圆形，填充渐变作为背景，如图 5-116 所示。

图 5-116

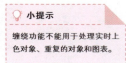

💡 小提示

缠绕功能不能用于处理实时上色对象、重复的对象和图表。

5.4.2 缠绕技巧

执行"对象 > 缠绕 > 建立"命令后，鼠标指针会变为⬇状，此时在图形相交处拖曳，可以制作缠绕效果；按住 Shift 键拖曳，可以创建矩形选区。

如果有两个以上重叠路径的对象交织在一起，可以将鼠标指针移动到封闭区域上，以查看突出显示的边界；之后单击鼠标右键，打开快捷菜单，在其中选择"置于顶层""前移一层""后移一层"或"置于底层"以排列交织顺序，如图 5-117 所示。

3 条路径交织在一起　　在路径上单击鼠标右键　　执行"置于底层"命令

图 5-117

如果切换为其他工具，或者有撤销操作的行为，则需要执行"对象 > 缠绕 > 编辑"命令才能恢复缠绕状态，继续进行编辑。

5.4.3 释放缠绕

执行"对象 > 缠绕 > 释放"命令，可以释放缠绕效果，将图形恢复为原样。

5.5 课后习题

绘制和编辑图形是 Illustrator 最重要的功能之一。本章介绍了怎样利用现有图形资源，通过各种方法组合成新的图形。完成下面的课后习题，有助于巩固本章所学知识。

5.5.1 问答题

1. "路径查找器"面板中的"形状模式"与"路径查找器"有何区别？

2. 哪些对象可用于创建复合形状？

3. 与其他绘图工具相比，Shaper 工具 ✐ 有何独特之处？

5.5.2 操作题：心形图标

视频位置	多媒体教学 >5.5.2 心形图标 .mp4
技术掌握	用"路径查找器"面板修改形状

本习题使用"路径查找器"面板制作一个心形图标，如图 5-118 所示。

01 选择矩形工具 ▢，在画板上单击，打开"矩形"对话框，创建一个边长为 50mm 的正方形，如图 5-119 所示。选择椭圆工具 ⬭，采用同样的方法创建一个直径为 50mm 的圆形，如图 5-120 所示。

图 5-118

图 5-119

图 5-120

02 使用选择工具 ▶ 将圆形拖曳到矩形上，如图 5-121 所示。按 Ctrl+A 快捷键全选，将图形旋转 315°，如图 5-122 所示。

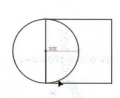

图 5-121

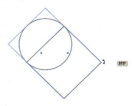

图 5-122

03 按住 Alt 键使用选择工具 ▶ 拖曳复制出一份圆形，如图 5-123 所示。按 Ctrl+A 快捷键全选，单击"路径查找器"面板中的 ▣ 按钮，得到一个完整的心形。图 5-124 所示为填充渐变色的效果。

图 5-123　　　　　　　　　　　图 5-124

5.5.3 操作题：贺喜帖

视频位置	多媒体教学 >5.5.3 贺喜帖 .mp4
技术掌握	用缠绕功能制作文字互相穿插效果

　　本习题制作一组互相穿插的文字，如图 5-125 所示。这种效果是用缠绕功能实现的。

图 5-125

01 选择文字工具 **T** ，在画板上单击并输入文字 "大"。单击选择工具 ▶ ，将文字选中，在 "字符" 面板中选择字体并调整大小，如图 5-126 和图 5-127 所示。

图 5-126　　　　　　　　　　图 5-127

02 在 "颜色" 面板中调整文字颜色，如图 5-128 和图 5-129 所示。

图 5-128　　　　　　　　　　图 5-129

03 使用文字工具 **T** 输入文字 "吉"。切换为选择工具 ▶ ，修改文字颜色，如图 5-130 和图 5-131 所示。

图 5-130　　　　　　　　　　图 5-131

04 使用选择工具 ▶ 将两个文字移动到一起，按 Ctrl+A 快捷键全选，执行 "对象 > 缠绕 > 建立" 命令，创建缠绕效果。在图 5-132 所示的两处拖曳鼠标定义缠绕范围，图 5-133 所示为文字缠绕后的效果。如果想让细节更丰富，可以再加一些文字，如图 5-134 所示。

图 5-132　　　　　　　　　　图 5-133

图 5-134

第6章

渐变、实时上色与图案

本章导读

本章介绍渐变、渐变网格、实时上色、全局色、专色等为对象上色的功能，以及图案，它们适用于不同类型的设计工作。例如，在 UI 设计中，渐变通常用于按钮、面板和背景，以增加用户界面的吸引力和层次感；渐变网格可用于表现金属、玻璃等的真实质感。

本章学习要点

1. 海豚插画设计

2. "渐变"面板

3. 玻璃质感 UI 图标

4. 全局色

5. 制作包装图案

6. 古典海水图案

Illustrator

6.1 渐变

渐变可以创建多种颜色平滑过渡效果，在表现深度、空间感、光影，以及材质、质感和特效时较为常用。

6.1.1 课堂案例：海豚插画设计

视频位置	多媒体教学 >6.1.1 海豚插画设计 .mp4
技术掌握	用钢笔工具绘图，创建和修改渐变颜色，切换渐变类型

在平面设计中，使用渐变可以为图标、标志、插画等元素添加深度和立体感，如图 6-1 所示。

图 6-1

01 使用钢笔工具 绘制海豚图形，如图 6-2 所示。也可以使用本例的海豚素材进行后续的渐变填色练习。

图 6-2

02 使用选择工具 单击躯干图形，单击工具栏中的 按钮，填充默认的黑白渐变，如图 6-3 和图 6-4 所示。

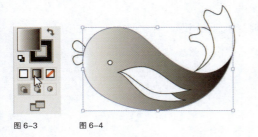

图 6-3   图 6-4

03 打开"颜色"面板菜单，选择"RGB"命令，显示 RGB 颜色滑块，如图 6-5 所示。

图 6-5

04 单击图 6-6 所示的渐变滑块，将其选中。拖曳"颜色"面板中的滑块，对颜色进行调整，如图 6-7~图 6-9 所示。

图 6-6   图 6-7

图 6-8   图 6-9

05 单击右端的渐变滑块，如图 6-10 所示，调整其颜色，如图 6-11~图 6-13 所示。

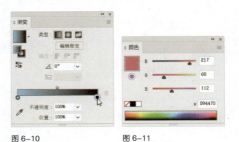

图 6-10   图 6-11

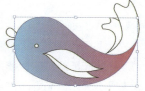

图 6-12　　　　图 6-13

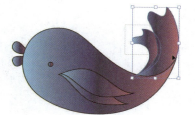

图 6-20

06 将鼠标指针移动到渐变批注者下方,如图6-14
所示,单击,添加一个渐变滑块,然后修改颜色,
如图 6-15~ 图 6-17 所示。

图 6-14　　　　图 6-15

图 6-21　　　　　　　图 6-22

09 按 Ctrl+A 快捷键全选,取消描边,如图 6-23
所示。

图 6-16　　　　图 6-17

图 6-23

07 单击"色板"面板中的 ⊕ 按钮,将渐变保存
到该面板中,如图 6-18 所示。使用选择工具 ▶
选择其他图形,单击保存的渐变,为其填色,
如图 6-19 所示。

10 使用矩形工具 □ 创建矩形,按 Shift+Ctrl+[快
捷键移至底层,填充相同的渐变颜色后,单击"渐
变"面板中的 ▣ 按钮,切换为任意形状渐变,
如图 6-24 和图 6-25 所示。

图 6-18　　　　图 6-19

图 6-24　　　　　　　图 6-25

08 拖曳出一个选框,将尾鳍选中,如图 6-20 所
示,修改渐变角度,如图 6-21 和图 6-22 所示。

11 双击镜像工具 ▷◁ ,将图形水平翻转,如图 6-26
和图 6-27 所示。

图 6-26　　　　　　图 6-27

6.1.2　"渐变"面板

选择图形后，单击工具栏底部的按钮，如图 6-28 所示，可为其填充默认的黑白线性渐变，同时打开"渐变"面板，在该面板中可以编辑渐变，如图 6-29 和图 6-30 所示。

图 6-28

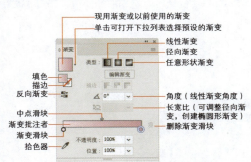

图 6-29

图 6-30

"渐变"面板介绍

● **现用渐变或以前使用的渐变**：显示当前使用渐变或上一次使用的渐变的颜色。在其上单击，可以用渐变填充所选对象。

● **下拉列表**：单击▾按钮，可以打开下拉列表选择预设的渐变。

● **填色/描边按钮**：单击填色或描边按钮后，可对应用于填色或描边的渐变进行编辑。

● **编辑渐变**：选择对象后，单击该按钮，对象上会显示渐变批注者等选项，可编辑渐变滑块、颜色、角度、不透明度和位置，如图 6-31 所示。

● **反向渐变**：反转渐变滑块（即颜色）顺序，如图 6-32 所示。

图 6-31　　　　　　图 6-32

● **描边**：将渐变应用于描边时，可在此选项中设置描边类型，如图 6-33～图 6-35 所示。

在描边中应用渐变

图 6-33

沿描边应用渐变

图 6-34

跨描边应用渐变

图 6-35

● **角度**：用来设置线性渐变的角度，如图6-36和图6-37所示。

"角度"为90°　　　　　　"角度"为-90°

图 6-36　　　　　　　　图 6-37

● **长宽比**：填充径向渐变时，如图6-38所示，在该选项中输入数值，可以创建椭圆渐变，如图6-39所示。

图 6-38　　　　　　　　图 6-39

● **渐变批注者/渐变滑块**：渐变批注者显示了渐变颜色，在其下方单击，可以添加渐变滑块，如图6-40和图6-41所示。从"色板"面板中将一个色板拖曳到其下方，可以添加此颜色的渐变滑块，如图6-42所示。

 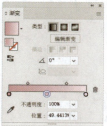

图 6-40　　　　　　　　图 6-41

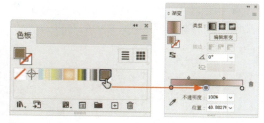

图 6-42

● **修改渐变滑块颜色**：单击渐变滑块后，可以使用"颜色"面板进行修改；也可以按住Alt键单击"色板"面板中的一个色板，将其添加给渐变滑块。如果未选择滑块，则将"色板"面板中的一个色板拖曳到渐变滑块上，也可修改其颜色。双击一个渐变滑块，可以打开下拉面板选择颜色，如图6-43所示。

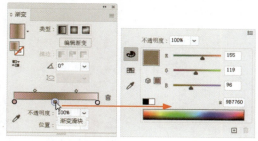

图 6-43

● **调整颜色位置**：拖曳渐变滑块，可以调整颜色位置，如图6-44所示。

● **中点滑块**：拖曳中点滑块，可以调整其两侧的颜色位置，如图6-45所示。

图 6-44　　　　　　　　图 6-45

● **删除渐变滑块** 🗑：单击渐变滑块，之后单击🗑按钮，可将其删除。也可以直接将其拖曳到面板外进行删除。

● **位置**：可调整中点滑块或渐变滑块的位置。

- **拾色器** ✐：单击该按钮，在图稿中单击，可拾取颜色作为渐变滑块颜色，如图6-46所示。

图6-46

- **不透明度**：单击一个渐变滑块，调整其不透明度值，可以使颜色呈现透明效果，如图6-47和图6-48所示。

图6-47　　　　图6-48

6.1.3 线性渐变

单击"渐变"面板中的■按钮，可以为所选对象添加线性渐变，其效果是颜色从一点到另一点进行直线形混合。填充线性渐变后，选择渐变工具■时，会显示渐变批注者，如图6-49所示。

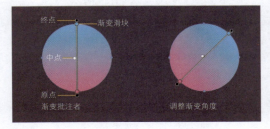

图6-49

拖曳渐变批注者，可以移动它的位置；拖曳渐变滑块，可以调整渐变颜色的位置，如图6-50所示。

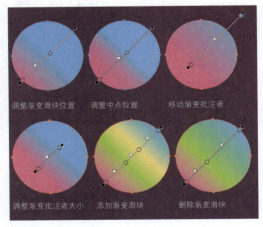

图6-50

6.1.4 径向渐变

单击"渐变"面板中的■按钮，可以为所选对象添加径向渐变，其效果是颜色从一点到另一点进行环形混合。渐变批注者中最左侧的渐变滑块定义了颜色填充的原点，并呈辐射状向外逐渐过渡，直至最右侧的渐变滑块颜色。调整渐变批注者上的控件，可以修改径向渐变的中点、原点和范围，如图6-51所示。

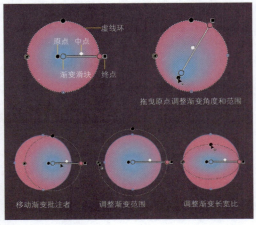

图6-51

6.1.5 任意形状渐变

任意形状渐变中的色标可以不规则分布，因而颜色变化更加丰富，颜色的位置也可以灵活调整。它包含两种模式：点模式，可以在色标周围区域添加阴影；线模式，可以在线条周围区域添加阴影。

1. 点模式

为对象填充渐变后，如图 6-52 所示，单击"渐变"面板中的■按钮，可设置为任意形状渐变。在"绘制"选项组中选择"点"选项，图形上会自动添加渐变滑块；设置渐变滑块的颜色，会在其周围区域添加阴影，如图 6-53 和图 6-54 所示。

图 6-52

图 6-53　　　　图 6-54

在图形上单击，可以添加渐变滑块，如图 6-55 和图 6-56 所示。

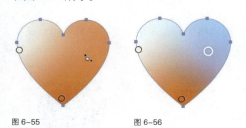

图 6-55　　　　图 6-56

将鼠标指针移动到渐变滑块上，会显示虚线环，如图 6-57 所示；拖曳其中的双圆图标，可以调整颜色范围，如图 6-58 所示。

图 6-57　　　　图 6-58

任意形状渐变没有渐变批注者，因此，可以将渐变滑块拖曳到图稿中的任何位置，如图 6-59 所示；但不能离开图稿，否则会被删除。

图 6-59

2. 线模式

单击"渐变"面板中的■按钮，并在"绘制"选项组中选择"线"选项后，可以创建线模式任意形状渐变。

在图稿各处位置单击，可以添加渐变滑块，同时会生成一条线将渐变滑块连接；设置渐变滑块的颜色，会在线条周围区域添加阴影，如图 6-60 所示。在这条线上单击，可以添加新的渐变滑块，如图 6-61 所示。

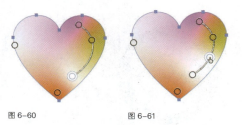

图 6-60　　　　图 6-61

拖曳渐变滑块，可以移动其位置，如图 6-62 所示；单击一个渐变滑块，然后按 Delete 键，可将其删除，如图 6-63 所示。

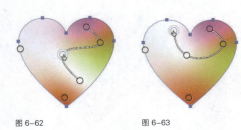

图 6-62　　　　　　　　　图 6-63

　　这种渐变由一条类似于路径的曲线将渐变滑块连接起来，其优点在于颜色的"走向"更加流畅，过渡效果也非常顺滑；缺点是不能调整渐变的扩展范围，这方面线模式不如点模式灵活。

6.2　渐变网格

　　渐变网格是一种网格状图形。其网格部分可以用多种颜色填充，通过网格点可以控制颜色的混合位置及范围，可用于创建复杂的颜色和光照效果。

6.2.1　课堂案例：玻璃质感 UI 图标

视频位置	多媒体教学 >6.2.1 玻璃质感 UI 图标 .mp4
技术掌握	用渐变网格制作玻璃质感镜头

　　渐变网格是用于表现真实效果的最佳工具，本例使用它制作相机图标中的镜头。用渐变网格配合渐变填充，能够惟妙惟肖地展现玻璃的透明质感，如图 6-64 所示。

图 6-64

01 打开相机素材，如图 6-65 所示。机身是用图形填充渐变制作而成的。下面用渐变网格制作镜头。使用椭圆工具 ◯ 创建一个圆形，填充黑色，无描边，如图 6-66 所示。

图 6-65　　　　　　　　　图 6-66

02 使用选择工具 ▶ 将图形拖曳到镜头上，调整大小，如图 6-67 所示。

图 6-67

03 执行"对象 > 创建渐变网格"命令，设置参数，如图 6-68 所示，将圆形转变为渐变网格对象，如图 6-69 所示。

图 6-68　　　　　　　　　图 6-69

04 使用网格工具 ⌗ 单击最上方的网格点，将其选中，如图 6-70 所示。单击"颜色"面板中的填色按钮□切换到填色编辑状态，拖曳"颜色"面板中的滑块，为网格点上色，如图 6-71 和图 6-72 所示。

图 6-70

图 6-71

图 6-72

05 在网格线上单击，添加网格点，如图 6-73 所示。按住 Shift 键向下拖曳，移动到图 6-74 所示的位置。调整它的颜色，如图 6-75 和图 6-76 所示。

图 6-73

图 6-74

图 6-75

图 6-76

06 在网格线上单击，添加网格点，如图 6-77 所示。按住 Shift 键向上拖曳，移动其位置，如图 6-78 所示。调整它的颜色，如图 6-79 和图 6-80 所示。

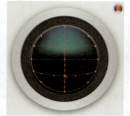

图 6-77

图 6-78

图 6-79

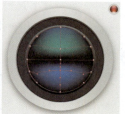

图 6-80

07 单击最下方的网格点，设置为白色，如图 6-81 和图 6-82 所示。

图 6-81

图 6-82

08 选择选择工具 ▶，单击网格对象将其选中，执行"效果 > 风格化 > 内发光"命令，添加内发光效果，设置发光颜色为青色，如图 6-83 和图 6-84 所示。

图 6-83

图 6-84

09 使用椭圆工具 ◯ 创建椭圆形，填充渐变，无描边，如图 6-85 和图 6-86 所示。

图 6-85

图 6-86

⑩ 设置混合模式为"滤色","不透明度"为42%,如图 6-87 和图 6-88 所示。

图 6-87　　　　　　　图 6-88

⑪ 按 Ctrl+C 快捷键复制椭圆,按 Ctrl+F 快捷键粘贴至前方。调整其大小,将"不透明度"恢复为 100%,如图 6-89 和图 6-90 所示。

图 6-89　　　　　　　图 6-90

⑫ 创建一个椭圆形,填充白色,"不透明度"设置为 36%,如图 6-91 和图 6-92 所示。

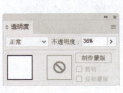

图 6-91　　　　　　　图 6-92

6.2.2 创建渐变网格

渐变网格可以通过两种方法来创建。

1. 用工具创建渐变网格

使用网格工具 单击图形,可将图形转换为渐变网格对象并在单击处生成网格点、网格线和网格片面。

2. 用命令创建渐变网格

选择图形,执行"对象 > 创建渐变网格"命令,打开"创建渐变网格"对话框,如图 6-93 所示。通过这种方法可以自定义网格线的数量,并在对称位置生成网格线,如图 6-94 所示。

图 6-93　　　　　　　图 6-94

"创建渐变网格"对话框介绍

● **行数/列数**:用来设置水平网格线和垂直网格线的数量。

● **外观**:用来设置高光的位置和创建方式。选择"平淡色"选项,不会创建高光;选择"至中心"选项,可在对象中心创建高光,如图 6-95 所示;选择"至边缘"选项,可在对象边缘创建高光,如图 6-96 所示。

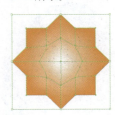

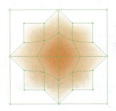

图 6-95　　　　　　　图 6-96

● **高光**:用来设置高光的强度。该值为 100%时,可以将最大强度的白色高光应用于对象;该值为 0%时,不会应用白色高光。

6.2.3 为渐变网格上色

使用直接选择工具 ▷ 单击网格点或网格片面后,如图 6-97 所示,可通过不同的方法为其上色。需要注意的是,在上色前,应单击工具栏或"颜色"面板中的填色按钮 □,切换到填色编辑状态(可按 X 键切换填色和描边编辑状态),

如图 6-98 所示。

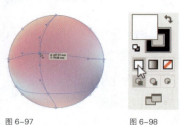

图 6-97　　　　　　　图 6-98

渐变网格上色方法

● **使用色板**：单击"色板"面板中的色板，可为所选网格点或网格片面上色，如图 6-99 所示。此外，将"色板"面板中的一个色板拖曳到网格点或网格片面上，也可为其上色，如图 6-100 所示。

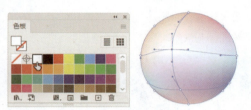

图 6-99

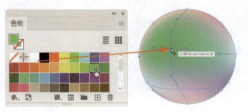

图 6-100

● **调整颜色**：拖曳"颜色"面板中的滑块，可调整所选网格点或网格片面的颜色，如图 6-101 和图 6-102 所示。

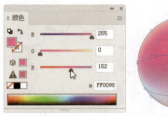

图 6-101　　　　　　　图 6-102

● **拾取颜色**：使用吸管工具 ✐ 在一个单色填充的对象上单击，可拾取其颜色，如图 6-103 所示。

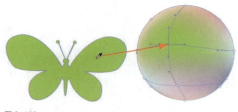

图 6-103

6.2.4 编辑网格对象

渐变网格中的网格点与路径上的锚点类似。但其形状为菱形，可接受颜色；锚点则为方形，不能接受颜色。除这些之外，网格点与锚点的编辑方法基本相同。

编辑网格点和网格线

● **添加网格点**：使用网格工具 🔳 在网格线或网格片面上单击，可以添加网格点，如图 6-104 和图 6-105 所示。

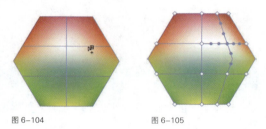

图 6-104　　　　　　　图 6-105

● **删除网格点**：按住 Alt 键（鼠标指针变为 🔳 状）单击一个网格点，如图 6-106 所示，可将其删除，与此同时，由该点连接的网格线也会被删除，如图 6-107 所示。

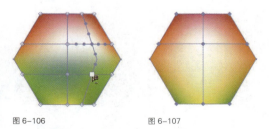

图 6-106　　　　　　　图 6-107

● **选择网格点**：使用网格工具 🔳 单击网格点，可将其选中，如图 6-108 所示。此外，使用直接选择工具 ▷ 可以选择网格点，而且按住 Shift 键单击多个网格点，可将其一同选中；拖曳出一个矩形选框，如图6-109所示，可将选框范围内的网格点都选中。

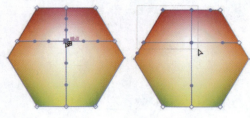

图6-108　　　　　　　图6-109

● **移动网格点**：使用直接选择工具 ▷ 或网格工具 🔲 拖曳网格点，可将其移动。使用网格工具 🔲 操作时，按住Shift键拖曳，可以将移动范围限制在网格线上，如图6-110和图6-111所示。当需要沿一条弯曲的网格线移动网格点时，采用这种方法操作不会扭曲网格线。

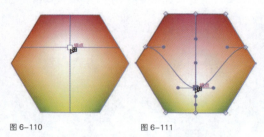

图6-110　　　　　　　图6-111

● **移动网格片面**：使用直接选择工具 ▷ 拖曳网格片面可将其移动。

● **修改网格线**：使用网格工具 🔲 或直接选择工具 ▷ 拖曳方向点，可以改变网格线的形状，如图6-112所示。使用网格工具 🔲 操作时，按住Shift键拖曳，可同时调整该点上的所有方向线，如图6-113所示。

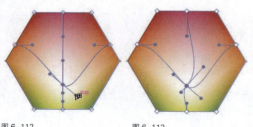

图6-112　　　　　　　图6-113

6.3 实时上色

实时上色是一种为图形上色和描边的特殊方法。它模拟了绘画的涂色过程，操作时就像在涂色簿上填色或用水彩为铅笔素描上色一样。

6.3.1 课堂案例：花纹图案

视频位置	多媒体教学 >6.3.1 花纹图案 .mp4
技术掌握	用"变换"效果制作花纹，进行实时上色

对于插图、漫画、地图、标志等较为复杂的图稿，会有大量区域需要上色，可以使用实时上色功能来处理。相对于普通上色，使用该方法能更快速地为图形填色。

本例制作一个花纹图案并使用实时上色功能来进行上色，如图6-114所示。

图6-114

01 选择星形工具 ☆，在画板上单击，打开"星形"对话框，参数设置如图6-115所示，创建图形，设置描边粗细为10pt，无填色，如图6-116所示。

图6-115　　　　　　　图6-116

02 执行"对象 > 扩展"命令，将描边扩展为路径。

执行"效果 > 扭曲和变换 > 变换"命令，设置参数如图6-117所示，生成图6-118所示的花纹。

图6-117

图6-118

03 执行"对象 > 扩展外观"命令，将由效果生成的图形扩展为路径，如图6-119所示。执行"对象 > 实时上色 > 建立"命令，创建实时上色组，如图6-120所示。设置填色为白色，如图6-121所示。

图6-119

图6-120

图6-121

小提示

文字、图像和画笔等需要先转换为路径后，才能创建为实时上色组。其中，文字用"文字>创建轮廓"命令转换，图像用"对象>图像描摹>建立并扩展"命令转换，画笔等其他对象用"对象>扩展"命令来进行转换。

04 执行"窗口 > 色板库 > 渐变 > 明亮"命令，打开"明亮"面板，单击图6-122所示的渐变。选择实时上色工具 ，将鼠标指针移动到对象上，当检测到表面时，会显示红色的边框，如图6-123所示，单击，填充颜色，如图6-124所示。为间隔的图形填充渐变，如图6-125所示。

图6-122

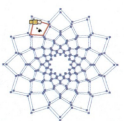

图6-123

图6-124

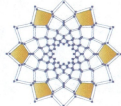

图6-125

小提示

使用实时上色工具 在表面上单击3下，与其具有相同填色或描边的其他表面也会被填色。跨多个表面拖曳鼠标，则可以一次为多个表面上色。

05 使用渐变为其他表面填色，如图6-126和图6-127所示。

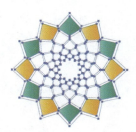

图6-126

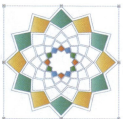

图6-127

06 执行"效果 > 风格化 > 投影"命令，为图形添加投影，如图6-128和图6-129所示。

图 6-128

图 6-129

07 使用矩形工具 □ 创建一个矩形，填充渐变，按 Shift+Ctrl+[快捷键置于底层作为背景，如图 6-130 所示。

图 6-130

6.3.2 生成表面和边缘

创建实时上色组后，路径会将图稿分割成不同的区域，并由此形成不同的表面和边缘。表面可以填色，边缘可以描边。此外，在实时上色组上绘制路径，如图 6-131 所示，使用选择工具 ▶ 将其与上色组选中，如图 6-132 所示，单击控制栏中的"合并实时上色"按钮，可以将路径合并到实时上色组中，如图 6-133 所示。图 6-134 所示为对分割区域上色的效果。

图 6-131   图 6-132

图 6-133

图 6-134

💡 **小提示**

使用实时上色选择工具 ▶ 单击一个表面或边缘，可将其选中。

6.3.3 扩展实时上色组

执行"对象 > 实时上色 > 扩展"命令，由路径分割的各个区域（包括表面和边缘）会成为一个个独立的图形。就是说，图稿被真正地分割开，此时图稿的外观保持不变。使用编组选择工具 ▶ 可以选中其中的部分图形，修改颜色或者删除。

6.3.4 释放实时上色组

使用选择工具 ▶ 单击实时上色组，执行"对象 > 实时上色 > 释放"命令，可解散实时上色组，将对象释放出来，但组中的对象不会恢复为之前的填色和描边，而是变成黑色描边（0.5pt）、无填色的普通路径。

6.4 全局色、专色与重新着色图稿

Illustrator 可以为设计师提供很多帮助。例如，在色彩使用方面，其全局色、专色和重新着色图稿等功能能大大提高工作效率，并能激发设计灵感。

6.4.1 课堂案例：矢量风格装饰画

视频位置	多媒体教学 >6.4.1 矢量风格装饰画 .mp4
技术掌握	将位图转换为矢量图，使用色板库为图稿重新上色

本例使用图像描摹功能将位图转换为矢量图，然后重新上色，将其改造成矢量风格的装饰画，如图 6-135 所示。

图 6-135

01 打开素材，如图 6-136 所示。使用选择工具▶单击图像，将其选中。在控制栏中单击"图像描摹"右侧的▼按钮，打开下拉列表，选择"高保真度照片"选项，如图 6-137 所示，对图像进行描摹。

02 完成后单击"扩展"按钮，得到矢量图稿，如图 6-138 所示。

图 6-136

图 6-137　　图 6-138

03 单击控制栏中的●按钮，打开"重新着色图稿"对话框。单击"颜色库"的▼按钮，打开下拉列表，在"艺术史"子菜单中选择"文艺复兴风格"色板库，如图 6-139 所示，用该色板库中的颜色替换图稿中的颜色，如图 6-140 所示。

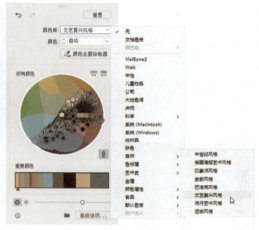

图 6-139

图 6-140

6.4.2 全局色

全局色在设计工作中用处非常大。例如，客户要求更改主要颜色时，只需更新全局色即可，不必手动修改每个对象的颜色，这样可以极大地简化工作流程。

单击"色板"面板底部的⊞按钮，打开"新建色板"对话框，调整颜色并勾选"全局色"选项，如图 6-141 所示，可以将所选颜色定义为全局色，如图 6-142 所示。

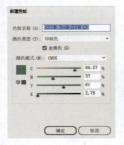

图 6-141

图 6-142

将全局色应用于图稿后,如图 6-143 所示,双击全局色色板,如图 6-144 所示,打开"色板选项"对话框对其进行修改,即可改变对象的颜色,而无须选择对象,如图 6-145 和图 6-146 所示。

图 6-143

图 6-144

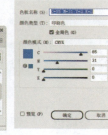

图 6-145

图 6-146

6.4.3 专色

专色是预先混合好的油墨,常用于标志、包装和海报等的印刷。专色可以确保品牌颜色的一致性和准确无误。对于大批量印刷,使用专色要比使用 CMYK 颜色成本更低。

国际上普遍采用 PANTONE 颜色系统作为专色标准。在设计工作中,客户一般会提供 PANTONE 颜色编号,要求做出相应的设计。

需要使用 PANTONE 专色时,可以打开"窗口 > 色板库 > 色标簿"子菜单进行选择,如图 6-147 所示。例如,打开"PANTONE+Solid Coated"色板库,如图 6-148 所示。在 🔎 图标右侧单击,输入 PANTONE 颜色编号,如"520 C",便可找到与之对应的颜色,如图 6-149 所示。

图 6-147

图 6-148

图 6-149

单击一种专色,可将其添加到"色板"面板中,如图 6-150 和图 6-151 所示。选择一种专色后,可以拖曳"颜色"面板中的滑块调整其明度,如图 6-152 所示。

图 6-150　　　　　　　　　　图 6-151　　　　　　　　　图 6-152

6.4.4 重新着色图稿

使用高级"重新着色图稿"对话框可以快速修改整个设计的颜色方案。它提供了不同的颜色组合，可以激发新的设计灵感，方便设计师进行探索和实验。

1. 打开高级"重新着色图稿"对话框

如果要修改一个图形的颜色，可以将其选中，然后执行"编辑>编辑颜色>重新着色图稿"命令，或者单击控制栏中的 按钮，均将打开"重新着色图稿"对话框，单击右下角的"高级选项"按钮，能打开高级"重新着色图稿"对话框进行操作。

2. "编辑"选项卡

高级"重新着色图稿"对话框中包含"编辑""指定"两个选项卡和颜色相关选项。其中，"颜色组"选项组列出了两个默认颜色组和图稿中用到的所有颜色组。它们与"色板"面板中的颜色组相同，因此，修改、删除和创建新的颜色组时，"色板"面板会与之同步。

在"编辑"选项卡中可以创建新的颜色组或编辑现有的颜色组，也可以使用"协调规则"下拉列表框和色轮对颜色进行调整，如图 6-153 所示。色轮可以显示颜色在颜色协调规则中是如何关联的，并且可以进行调整；同时还可通过颜色条单独查看和处理各个颜色值。

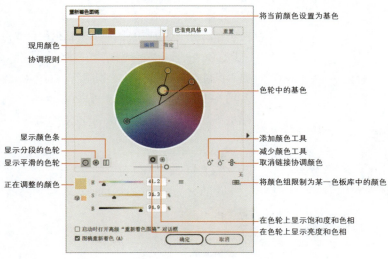

图 6-153

"编辑"选项卡介绍

● **协调规则**：可以选择一个颜色协调规则并生成配色方案。

● **显示平滑的色轮◎**：在平滑的圆形中显示色相、饱和度和亮度。

● **显示分段的色轮❀**：将颜色显示为一组分段的颜色。

● **显示颜色条▥**：仅显示颜色组中的颜色，且让颜色显示为可单独编辑的实色颜色条。

● **添加颜色工具♂⁺/减少颜色工具♂⁻**：在平滑色轮和分段色轮状态下，单击♂⁺按钮，之后在色轮上单击，便可添加一个圆形颜色标记，如图6-154和图6-155所示；单击♂⁻按钮，之后单击一个圆形颜色标记，可将其删除（基色除外）。

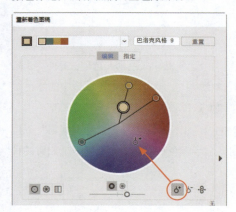

图6-154

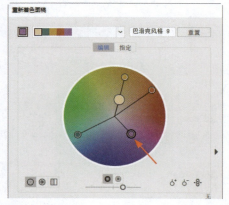

图6-155

● **在色轮上显示亮度和色相◎/在色轮上显示饱和度和色相◉**：单击◎按钮，之后再调整亮度和色相，这样更容易操作。如果要查看和调整饱和度和色相，可单击◉按钮，如图6-156所示。

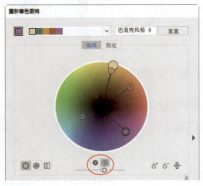

图6-156

● **取消链接协调颜色⊞**：默认状态下，颜色组中的各个圆形颜色标记处于链接状态，即拖曳一个圆形颜色标记时，其他圆形颜色标记会一起移动。单击该按钮可取消链接。

● **将颜色组限制为某一色板库中的颜色▦**：单击▦按钮打开菜单，可以选择一个色板库，替换图稿颜色。

● **图稿重新着色**：该选项默认为被勾选状态，调色时可以在画板中预览颜色的变化情况。

3. "指定"选项卡

在高级"重新着色图稿"对话框中，"指定"选项卡可以设置用哪些颜色替换当前颜色、是否保留专色，以及如何替换颜色，如图6-157和图6-158所示。此外，还可以用颜色组为图稿重新上色，或者减少图稿中的颜色数目。

图6-157

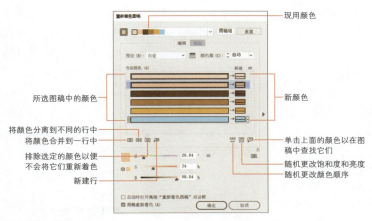

图 6-158

"指定"选项卡介绍

• **修改图稿中的颜色**："当前颜色"列表中显示的是所选图稿的全部颜色。每一种颜色都有与之对应的新颜色，它们在"新建"列表中。单击一种颜色后，可拖曳下方的 H、S、B 滑块进行修改，修改结果被保存在"新建"列表中，如图 6-159 所示。单击箭头图标 ➡，可停用新建的颜色，如图 6-160 所示，此时该图标变为 ➖ 状，单击它可恢复使用新建的颜色。当使用预设的颜色协调规则、配色方案修改颜色或者使用颜色库替换颜色时，如果不希望某种颜色被修改，可以单击它，如图 6-161 所示，然后单击 ⬚ 按钮，如图 6-162 所示，之后再调色，如图 6-163 所示。

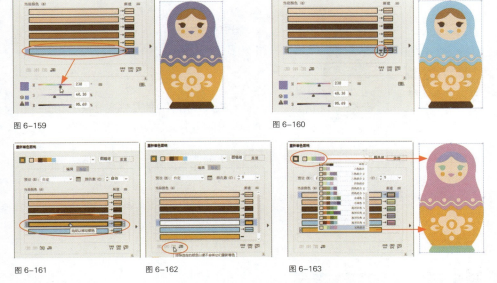

图 6-159

图 6-160

图 6-161

图 6-162

图 6-163

• **减少图稿中的颜色**：在创建适用于多种类型输出媒体的图稿时，往往有一些特殊要求，如减少颜色、将颜色转换为灰度，或者将颜色限定为某个色板库中的颜色。需要减少颜色时，单击"颜色数"选项的 ↕ 按钮即可，如图 6-164 所示；或者从下拉列表中选择要减少到的颜色数目。

图 6-164

• **随机更改颜色顺序/饱和度/亮度**：单击 按钮，可随机更改当前颜色组中颜色的顺序，如图 6-165 所示。单击 按钮，可以保留色相，并随机修改当前颜色组的饱和度和亮度，如图 6-166 所示。

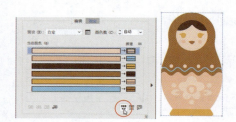

图 6-165

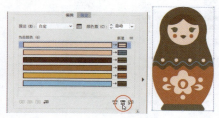

图 6-166

• **合并颜色**：在"当前颜色"列表中，按住 Shift 键单击可以选择多个颜色，如图 6-167 所示。单击 按钮，可以将它们合并到第一个颜色行中，如图 6-168 所示。

图 6-167　　　　　图 6-168

• **分离颜色**：当多种颜色位于一个颜色行中

时，按住 Shift 键单击几种颜色，之后再单击 按钮，可以将所选颜色分离到单独的颜色行中。如果想分离所有颜色，可以单击颜色行前方的 图标，将这一颜色行的颜色同时选中，如图 6-169 所示，再单击 按钮，如图 6-170 所示。也可以采用拖曳的方法，将颜色拖入空白颜色行中，如图 6-171 和图 6-172 所示。单击 按钮，可以在"当前颜色"列表中添加一个空白的颜色行，如图 6-173 所示。

图 6-169　　　　　图 6-170

图 6-171　　　　　图 6-172

图 6-173

• **查看使用颜色的是哪些对象**：如果图稿中的细节非常丰富，或者包含许多原始颜色，在这种情况下修改一种颜色时，需要知道图稿中哪些对象应用了这一颜色以便做出准确判断，可以这样操作：单击 按钮，如图 6-174 所示，之后再单击"当前颜色"列中的颜色，如图 6-175 所示，此时使用了该颜色的对象完全显示，其他对象的颜色会变淡，如图 6-176 所示。

图 6-174

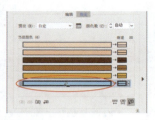
图 6-175

图 6-176

● **恢复图稿原始颜色**：如果对颜色修改结果不满意，想让图稿恢复为原始颜色，以重新操作，可以单击对话框顶部的"重置"按钮。

6.5 图案

图案在平面、广告、包装、服装、室内空间设计等领域都有着非常广泛的应用。本节介绍怎样在 Illustrator 中创建不同类型的图案。

6.5.1 课堂案例：制作包装图案

视频位置	多媒体教学 >6.5.1 制作包装图案 .mp4
技术掌握	制作图形并创建为图案，学习图案的创建和编辑技巧

本例制作一个图案，如图 6-177 所示。一般情况下，应用于商品包装的图案应该简单明了，以便快速传达产品的信息和特点。

图 6-177

01 创建一个 RGB 颜色模式的文档。选择椭圆工具 ○，在画板上单击，打开"椭圆"对话框，设置参数如图 6-178 所示，创建一个圆形，如图 6-179 所示。按 Ctrl+C 快捷键复制图形。

图 6-178

图 6-179

02 按住 Alt+Shift 键使用选择工具 ▶ 拖曳圆形，复制出一份。观察智能参考线，当两个圆形边界对齐时释放鼠标左键，如图 6-180 所示。

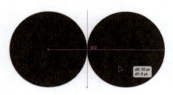
图 6-180

03 拖曳出选框，将两个圆形选中。双击旋转工具 ↻，打开"旋转"对话框，设置"角度"为 90°，单击"复制"按钮，如图 6-181 所示，复制并旋转图形，如图 6-182 所示。

图 6-181

图 6-182

04 按 Ctrl+A 快捷键选中所有图形，如图 6-183 所示，单击"路径查找器"面板中的 ▣ 按钮，如图 6-184 所示，对图形进行分割。

图 6-183　　　　　图 6-184

05 使用编组选择工具 ▶ 单击多余的图形，按

Delete 键删除，保留图 6-185 所示的花瓣状图形。添加白色描边，如图 6-186 所示。

图 6-185　　　　　　　图 6-186

06 使用编组选择工具 ▷ 选择各个花瓣，修改填充颜色，如图 6-187 所示。

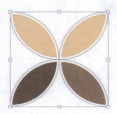

图 6-187

07 按 Ctrl+A 快捷键，将所有图形选中，执行"对象 > 图案 > 建立"命令，打开"图案选项"面板，设置参数，如图 6-188 所示。单击文档窗口顶部的 ✓ 完成 按钮，创建图案，它会保存到"色板"面板中，如图 6-189 所示。

图 6-188　　　　　　　图 6-189

08 创建一个矩形，单击图案进行填充，如图 6-190 所示。创建一个矩形，填充与图案相同的浅米

色作为背景，图案会呈现另一种视觉效果，如图 6-191 所示。

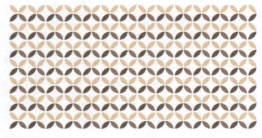

图 6-190

图 6-191

6.5.2　"图案选项"面板

图 6-192 所示为"图案选项"面板。使用它可以轻松创建各种类型的图案，包括复杂的无缝拼贴图案。

图 6-192

"图案选项"面板介绍

- **图案拼贴工具** 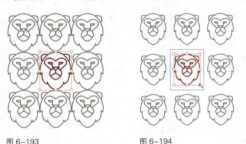 ：单击该工具，画板上的基本图案周围会显示定界框，如图 6-193 所示，拖曳控制点可以调整拼贴间距，如图 6-194 所示。

图 6-193　　　　图 6-194

- **名称**：可以为图案设置名称。

- **拼贴类型**：在该选项的下拉列表中可以选择图案的拼贴方式，效果如图 6-195 所示。如果选择"砖形（按行）"或"砖形（按列）"，还可在"砖形位移"选项中设置图形的偏移距离。

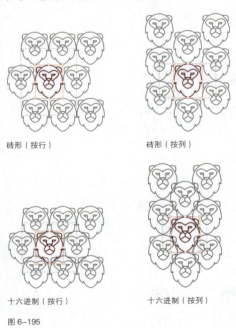

砖形（按行）　　　　砖形（按列）

十六进制（按行）　　　　十六进制（按列）

图 6-195

- **宽度/高度**：可以调整拼贴的整体宽度和高度。单击 按钮，可等比缩放。

- **将拼贴调整为图稿大小/重叠**：勾选"将拼贴调整为图稿大小"复选框，可以将拼贴缩放到与所选图形相同的大小。如果要设置拼贴间距的精确数值，可在"水平间距"和"垂直间距"选项中设置。这两个值为负值，对象会重叠，此时可单击"重叠"选项中的按钮设置重叠方式，包括"左侧在前" 、"右侧在前" 、"顶部在前" 、"底部在前" 。

- **份数**：可以设置拼贴数量。

- **副本变暗至**：图案副本的显示程度。

- **显示拼贴边缘**：在基本图案外显示定界框。

- **显示色板边界**：勾选该选项，可以显示图案中的单位区域，单位区域重复出现即构成图案。

6.5.3 重复

选择对象后，如图 6-196 所示，打开"对象 > 重复"子菜单，如图 6-197 所示，执行其中的"径向""网格"或"镜像"命令，可以复制对象并使其径向分布、按网格排列或镜像翻转。

图 6-196　　　　图 6-197

1. 径向重复

径向重复效果与汽车轮子的轮辐类似，如图 6-198 所示。

图 6-198

拖曳定界框右侧的圆形控件，可以调整图形的密度（增加或减少对象），如图 6-199 所示；拖曳图 6-200 所示的控件，可以让图形扩展、收缩和旋转，如图 6-201 所示；拖曳圆圈上的拆分器，可移除对象，如图 6-202 所示。

拖曳右侧和底部的圆角矩形控件，可以调整图案的范围，如图 6-206 和图 6-207 所示。

图 6-199

图 6-200

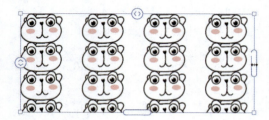

图 6-206

图 6-201

图 6-202

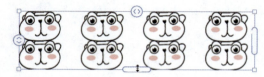

图 6-207

2. 网格重复

网格重复效果如图 6-203 所示。

图 6-203

拖曳定界框顶部和左侧的圆形控件，可以控制行和列中的图案数量，如图 6-204 和图 6-205 所示。

图 6-204

图 6-205

3. 镜像重复

创建镜像重复时，会复制并镜像对象，以及显示图 6-208 所示的控件。

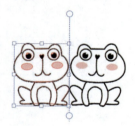

图 6-208

左右拖曳下方的控件，可以调整对象的间距，如图 6-209 所示；左右拖曳上方的控件，可旋转复制出的镜像对象，如图 6-210 所示。

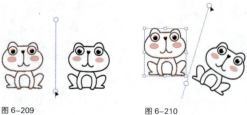

图 6-209   图 6-210

拖曳定界框上的控制点，可以缩放和旋转对象，如图 6-211 和图 6-212 所示。

图 6-211　　　　　　　　　图 6-212

6.5.4　调整图案位置

使用选择工具 ▶ 单击填充了图案的对象，将其选中，如图 6-213 所示，按住 ~ 键拖曳，可以单独移动图案，如图 6-214 所示。

图 6-213

图 6-214

> 💡 **小提示**
>
> 按Ctrl+R快捷键显示标尺，执行"视图>标尺>更改为全局标尺"命令，启用全局标尺。在窗口左上角的标尺上双击，可以将图案恢复到原来的位置。

6.5.5　变换图案

图案是一种相对独立的对象，可单独旋转和缩放，而不影响填充对象。

1. 自由变换

使用选择工具 ▶ 单击填充了图案的对象，选择比例缩放工具 🔲，按住 ~ 键拖曳，可缩放图案，如图 6-215 所示。使用旋转工具 ↻ 时也可按此方法操作。

图 6-215

2. 精确变换

选择对象后，双击一个变换工具，在打开的对话框中设置参数，并只勾选"变换图案"选项，可以对图案进行精确变换。图 6-216 是在双击旋转工具 ↻ 后弹出的对话框中设置参数，图 6-217 所示是将图案旋转 45° 后的效果。

图 6-216　　　　　　　图 6-217

6.5.6　修改图案

图 6-218 所示为填充了图案的对象。双击"色板"面板中该对象所使用的图案色板，如图 6-219 所示，显示图案源文件，如图 6-220 所示，对其进行修改，如图 6-221 所示，单击文档窗口顶部的 ✓ 完成 按钮，可以更新图案及其所填充的对象，如图 6-222 和图 6-223 所示。

图 6-218

图 6-219

图 6-220

图 6-221

图 6-222

图 6-223

6.6 课后习题

本章介绍了 Illustrator 中的上色功能，其中有常用的渐变和图案，也有渐变网格和实时上色等高级功能、全局色和专色，以及图案和重复。完成下面的课后习题，有助于巩固本章所学知识。

6.6.1 问答题

1. 为网格点或网格片面上色前，需要先进行哪些操作？

2. 渐变可以通过扩展的方法转换为渐变网格并保留渐变颜色，具体应该怎样操作？

3. 当很多图形都使用了一种或几种颜色，并且经常要修改这些图形的颜色时，有什么简便的修改方法？

6.6.2 操作题：书籍封面设计

视频位置	多媒体教学 >6.6.2 书籍封面设计 .mp4
技术掌握	色板库的使用，图案的复制技巧

在配色中，黑色和白色搭配的对比度较强。为避免黑色背景过于单调，可以用图案来提升质感，如图 6-224 所示。

图 6-224

01 按 Ctrl+N 快捷键，打开"新建文档"对话框，创建一个 A4 大小的文档，画板为两个，四个边各留出 3mm 出血，如图 6-225 所示。

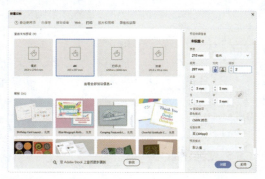

图 6-225

02 打开大树素材，使用选择工具 ▶ 拖曳到新建的文档中，如图 6-226 所示。执行"窗口 > 色板库 > 图案 > 基本图形 > 基本图形_纹理"命令，打开"基本图形_纹理"面板，单击"波纹"图案，如图 6-227 所示，为大树填充该图案，如图 6-228 所示。

图 6-226

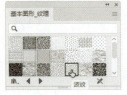

图 6-227

图 6-231

05 使用矩形工具 ▢ 在另一个画板上创建一个矩形，矩形的边缘要延展到出血的位置。保持矩形的选中状态，选择吸管工具 ✐，在大树上单击，拾取其填充内容，如图 6-232 所示。

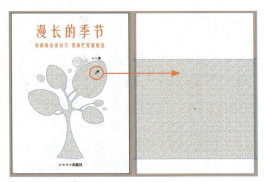

图 6-232

06 按住 Alt 键使用选择工具 ▶ 将大树拖曳到右侧画板上，按 Shift+Ctrl+] 快捷键移至顶层，设置填充颜色为白色，如图 6-233 所示。通过按住 Alt 键拖曳的方法，将文字也复制过来，如图 6-234 所示。

图 6-233

图 6-234

图 6-228

03 双击比例缩放工具 ⊡，单独缩放图案，如图 6-229 和图 6-230 所示。

图 6-229

图 6-230

04 使用文字工具 T 输入书名、作者、出版社信息，如图 6-231 所示。

6.6.3 操作题：古典海水图案

视频位置	多媒体教学 >6.6.3 古典海水图案 .mp4
技术掌握	了解混合功能，掌握图案的修改方法

本习题制作一个海水图案。图 6-235 所示为此图案在会员卡上的应用。

图 6-235

01 选择椭圆工具 ◯，在画板上单击，打开"椭圆"对话框，创建一个直径为 100px 的圆形，如图 6-236 所示。

图 6-236

02 双击比例缩放工具 ，参数设置如图 6-237 所示，单击"复制"按钮，复制出一个小的圆形，如图 6-238 所示。

图 6-237

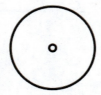

图 6-238

03 按 Ctrl+A 快捷键全选，按 Alt+Ctrl+B 快捷键创建混合。双击混合工具 ，打开"混合选项"对话框，增加圆形数量，如图 6-239 和图 6-240 所示。

图 6-239

图 6-240

04 执行"对象 >图案 >建立"命令，打开"图案选项"面板，调整参数并单击 ◈ 按钮，如图 6-241 所示。单击文档窗口顶部的 ✓完成 按钮，创建图案。图 6-242 所示为该图案的填充效果。创建图案后，可以根据需要随时进行修改。例如，双击"色板"面板中的图案，如图 6-243 所示，显示原始图案后，双击将其选中，如图 6-244 所示，执行"效果 >风格化 >投影"命令，添加投影，如图 6-245 所示。此时可以得到层次分明并呈现立体感的图案，如图 6-246 所示。

图 6-241

图 6-242

图 6-243

图 6-244

图 6-245

图 6-246

第 7 章

文字的应用

本章导读

本章介绍 Illustrator 中的点文字、区域文字、路径文字、文本绕排效果的创建
与编辑方法，以及怎样通过设置字符和段落属性，让版面中的文字更加整齐、
美观。

本章学习要点

1. 选择和修改文字

2. 修饰文字工具

3. 创建区域文字

4. 制作图文混排版面

5. 移动和翻转路径文字

6. 对齐文字

7.1 点文字

点文字是以任意一点为起始点沿水平或垂直方向排列的文字，适合字数较少的设计文案，如标题、标签和网页上的菜单选项，以及海报上的宣传主题等。

7.1.1 课堂案例：宠物店海报设计

视频位置	多媒体教学 >7.1.1 宠物店海报设计 .mp4
技术掌握	将文字转换为轮廓并扭曲，用修饰文字工具修改文字

本例使用点文字功能制作一幅海报，如图 7-1 所示。Illustrator 中的文字工具 **T** 和直排文字工具 **IT** 可以创建沿水平或垂直方向排列的点文字。点文字的特点是如果不停止输入，文字就会一直排布下去，需要按 Enter 键来换行。

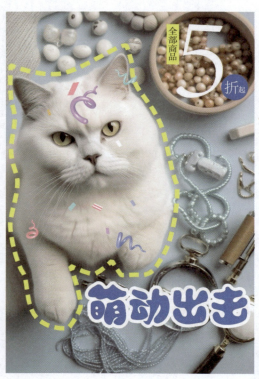

图 7-1

01 打开素材。选择文字工具 **T**，在"字符"面板中设置文字大小和间距，如图 7-2 所示。在画板上单击，单击处会出现闪烁的"|"形光标，

输入文字，如图 7-3 所示。按 Esc 键或单击其他工具结束文字输入。设置文字颜色为蓝色，如图 7-4 和图 7-5 所示。

图 7-2

图 7-3

图 7-4

图 7-5

> 💡 **小提示**
>
> 如果素材中有图形，创建点文字时应尽量避免单击图形，否则会将其转换为区域文字的文本框或路径文字的路径。如果现有的图形恰好位于要输入文本的地方，可先将该图形锁定或隐藏。

02 执行"文字 > 创建轮廓"命令，将文字转换为路径，如图 7-6 所示。选择变形工具 ，在文字的笔画上拖曳鼠标，修改文字外形，如图 7-7 所示。

图 7-6

图 7-7

03 设置描边颜色为白色，如图 7-8 所示。

图 7-8

04 使用钢笔工具 🖊 沿猫咪轮廓绘制路径，如图 7-9 所示。勾选"描边"面板中的"虚线"选项并设置参数，如图 7-10 所示，创建虚线。这样既能突出图像的轮廓，也能增强立体感，如图 7-11 所示。

图 7-9

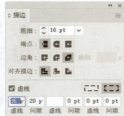

图 7-10

图 7-11

05 使用文字工具 T 输入文字，如图 7-12 和图 7-13 所示。

图 7-12   图 7-13

06 使用修饰文字工具 🔲 在"折"字上单击，将其选中，拖曳右上角的控制点，将文字调小，如图 7-14 所示。将鼠标指针移动到文字内部，向左侧拖曳，进行移动，如图 7-15 所示。

图 7-14   图 7-15

07 采用同样的方法调整"起"字，如图 7-16 所示。单击数字"5"，拖曳正上方的控制点，让文字向右旋转，如图 7-17 所示。

图 7-16   图 7-17

08 将文字设置为白色，移动到图像右上方，如图 7-18 所示。

图 7-18

> 💡 **小提示**
>
> 默认状态下文字不能填充渐变。只有将其转换为轮廓后，才能填充渐变。

09 使用椭圆工具 ◯ 创建一个蓝色的圆形，按 Ctrl+[快捷键移动到文字后方，如图 7-19 所示。

图 7-19

10 选择直排文字工具 ┃T，在画板上单击并输入文字，如图 7-20 所示。使用矩形工具 ▢ 创建一个矩形，按 Ctrl+[快捷键移动到文字后方，如图 7-21 所示。图 7-22 所示为整体效果。

图 7-20   图 7-21   图 7-22

7.1.2 选择和修改文字

修改文字之前，需要先将文字选中。

1. 选择文字

选择文字工具 T，将鼠标指针移动到文字上，鼠标指针会变为"I"状，如图 7-23 所示，进行拖曳，可以选中文字，如图 7-24 所示。在文字上连击 3 下，可以选中整个段落。如果想将其他文字一同选中，可以接着按 Ctrl+A 快捷键。

图 7-23   图 7-24

2. 修改文字

选中文字后，可以在控制栏或"字符"面板中修改文字的字体、大小等属性，如图 7-25 和图 7-26 所示。选中文字后，在"颜色"面板中可以修改文字颜色，如图 7-27 和图 7-28 所示。

图 7-25   图 7-26

图 7-27   图 7-28

3. 替换和删除文字

选中文字后，输入新文字可以替换所选文字，如图 7-29 所示。按 Delete 键，则会删除所选文字。

图 7-29

4. 添加文字

鼠标指针在文字上变为"I"状时，单击，设置文字插入点，如图 7-30 所示，之后可以输入文字，如图 7-31 所示。

图 7-30　　　　　图 7-31

7.1.3 修饰文字工具

创建文本后，使用修饰文字工具单击其中的文字，如图 7-32 所示，之后可对其进行移动和变换。

修饰文字工具介绍

- **移动**：在定界框内拖曳，可以移动文字，如

图 7-32

图 7-33 所示。

图 7-33

- **旋转**：拖曳正上方的控制点，可以旋转文字，如图 7-34 所示。

图 7-34

- **缩放**：拖曳左上角或右下角的控制点，可缩放文字，如图 7-35 所示。

图 7-35

- **等比缩放**：拖曳右上角的控制点，可进行等比缩放，如图 7-36 所示。

图 7-36

7.2 区域文字

区域文字是一种利用对象边界限定文字排列范围的文本。这种文本整体呈现图形化外观，也更容易对齐和管理，且自动换行，非常适合处理宣传单、说明书等具有多段文字的设计图稿。

7.2.1 课堂案例：汉服文化网站主页

视频位置	多媒体教学 >7.2.1 汉服文化网站主页 .mp4
技术掌握	区域文字的创建和修改方法

本例制作一个汉服文化网站主页，如图 7-37 所示。此设计旨在弘扬中华传统服饰之美，让更多人了解、尊重和热爱汉服文化。通过多种方式，将汉服的历史、设计、制作、文化意义等方面进行全方位的宣传。

图 7-37

01 打开网站页面素材，如图 7-38 所示。选择钢笔工具 ✐，在从画面左侧到人物这一范围内绘

制封闭的路径，如图 7-39 所示。

图 7-38

图 7-39

02 选择区域文字工具 ⊤，将鼠标指针移动到图形边缘，单击，然后输入标题，如图 7-40 所示。按 Enter 键换行，输入正文（也可以使用文本素材中的文字），如图 7-41 所示。

图 7-40

图 7-41

03 在标题上拖曳鼠标，将标题选中，如图 7-42 所示，修改字体和文字大小，如图 7-43 和图 7-44 所示。

图 7-42

图 7-43

图 7-44

04 在正文上拖曳鼠标，进行选择，如图 7-45 所示。

图 7-45

05 下面通过调整文字的字距等，让文字符合使用规范，不要出现标点符号错位等问题（如位于行首）。在"字距调整" VA 选项中将参数设置为 100，如图 7-46 和图 7-47 所示。

图 7-46

> 💡 **小提示**
>
> 如果调整字距后，文字仍不符合使用规范，可以尝试改变文字大小，或者使用直接选择工具 ▷ 修改路径。

图 7-47

7.2.2 创建区域文字

区域文字可以通过两种方法来创建。

1. 通过矩形文本框创建

选择文字工具 T，拖曳出一个矩形文本框，如图 7-48 所示；释放鼠标左键，输入文字，可将文字限定在矩形内部，如图 7-49 所示。

图 7-48   图 7-49

2. 从图形中创建

选择区域文字工具 🔲 或直排区域文字工具 🔲，鼠标指针移动到图形边缘时会变为 🔲 状，如图 7-50 所示，单击并输入文字，文字会被限定在图形内部，如图 7-51 所示。

图 7-50   图 7-51

7.2.3 编辑区域文字

使用选择工具▶拖曳区域文本定界框上的控制点，可以调整文本框的大小，如图7-52和图7-53所示。

图 7-52　　　　　图 7-53

在定界框控制点外侧拖曳，可将其旋转，文字会重新排列，但大小和角度不变，如图7-54所示。如果想要将文字连同定界框一同旋转（或缩放），可以使用旋转工具⟳或比例缩放工具⬚操作，如图7-55所示。

图 7-54　　　　　图 7-55

7.2.4 文本分栏

使用选择工具▶单击区域文本，将其选中，如图7-56所示，执行"文字>区域文字选项"命令，打开"区域文字选项"对话框，可对其进行分栏设置，如图7-57和图7-58所示。

图 7-56

图 7-57

图 7-58

"区域文字选项"对话框介绍

● **宽度/高度**：可以调整文本区域的大小。如果文本区域不是水平放置的矩形，则调整其宽和高。

● **"行"选项组**：如果要创建多行文本，可在"数量"选项内指定希望对象包含的行数，在"跨距"选项内指定单行的高度，在"间距"选项内指定行与行的间距。勾选"固定"选项后，调整区域大小时，只改变行数，不会改变行高；如果希望行高随文本区域的大小而变化，则应取消勾选该选项。

● **"列"选项组**：如果要创建多列文本，可在"数量"选项内指定希望对象包含的列数，在"跨距"选项内指定单列的宽度，在"间距"选项内指定列与列的间距。勾选"固定"选项后，调整区域大小时，只改变列数，不会改变列宽；如果希望列宽随文本区域的大小而变化，则应取消勾选该选项。

● "位移"选项组：可以对内边距和首行文字的基线进行调整。"内边距"选项可以改变文本和文本区域的边距。"首行基线"选项用于设置调整首行基线偏移时的基线类型（基线的定义见第 143 页）。"最小值"选项定义了基线偏移的最小值。

● "对齐"选项组：设置文本的对齐方式。

● 文本排列：单击 按钮，文本按行从左到右排列；单击 按钮，文本按列从左到右排列。

● 自动调整大小：勾选该选项，文本框会自动调整大小，以容纳全部文本。

7.2.5 区域文字与点文字互换

执行"文字"菜单中的"转换为点状文字"或"转换为区域文字"命令，可以让区域文字与点文字互相转换。

7.3 文本绕排

文本绕排是指让区域文本围绕一个图形、图像或其他文本排列，得到精美的图文混排效果。创建文本绕排效果时，需要使用区域文本，文字与绕排对象位于相同的图层上，且文字层在绕排对象层的后方。

7.3.1 课堂案例：制作图文混排版面

视频位置	多媒体教学 >7.3.1 制作图文混排版面 .mp4
技术掌握	用区域文字工具和图形创建文本绕排效果

本例使用文本绕排功能制作图文混排版面，以增强文字的趣味性，如图 7-59 所示。

图 7-59

01 打开素材，如图 7-60 所示。使用钢笔工具 沿头像绘制轮廓，如图 7-61 所示。

图 7-60　　　　　　　　　图 7-61

02 选择椭圆工具 ，按住 Shift 键拖曳鼠标，创建一个圆形，如图 7-62 所示。

图 7-62

03 选择区域文字工具 ，将鼠标指针移动到圆形边缘，如图 7-63 所示，单击，文本框内会自动填充文字，如图 7-64 所示。

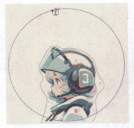

图 7-63　　　　　　图 7-64

图 7-69

04 按 Ctrl+[快捷键将文字调整到头像轮廓后方。按住 Shift 键使用选择工具 ▶ 单击头像轮廓图形，将文本与头像轮廓图形一同选中，如图 7-65 所示，执行"对象 > 文本绕排 > 建立"命令，创建文本绕排效果，如图 7-66 所示。

06 修改文字颜色，如图 7-70 和图 7-71 所示。

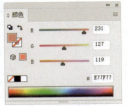

图 7-70　　　　　　图 7-71

7.3.2　文本绕排选项

如果要调整文字与绕排对象的距离，可以选中文本绕排对象中的图形，执行"对象 > 文本绕排 > 文本绕排选项"命令，打开"文本绕排选项"对话框进行设置，如图 7-72 所示。

图 7-65　　　　　　图 7-66

图 7-72

05 在"字符"面板中选择字体，设置间距为"自动"，如图 7-67 所示。单击"段落"面板中的 ≡ 按钮，让文本中的每一行的两端对齐，如图 7-68 和图 7-69 所示。

"文本绕排选项"对话框介绍

● 位移：设置文字和绕排对象的间距。可以输入正值或负值。

● 反向绕排：围绕对象反向绕排文本，即文本位于对象内部。

7.3.3　释放文本绕排

选择文本绕排对象，执行"对象 > 文本绕排 > 释放"命令，可以释放文本绕排，使文本恢复为原状。

图 7-67　　　　　　图 7-68

7.4 路径文字

路径文字工具 ✎ 和直排路径文字工具 ✎ 可以创建路径文字。路径文字是指在路径上排布的文字，文字会随着路径的弯曲而呈现起伏、转折效果。

7.4.1 课堂案例：生态农业图标设计

视频位置	多媒体教学 >7.4.1 生态农业图标设计 .mp4
技术掌握	偏移路径，创建路径文字，修改路径文字选项

本例以绿树图案为核心，制作一款生态农业图标，如图 7-73 所示。

图 7-73

01 打开素材，使用文字工具 T 输入文字，如图 7-74 和图 7-75 所示。

图 7-74

图 7-75

02 使用矩形工具 □ 创建一个矩形，如图 7-76 所示。将鼠标指针移动到边角构件上，如图 7-77 所示，进行拖曳，将矩形调整为圆角矩形，如图 7-78 所示。

图 7-76

图 7-77

图 7-78

03 执行"对象 > 路径 > 偏移路径"命令，偏移出新的路径，如图 7-79 和图 7-80 所示。

图 7-79

图 7-80

04 选择路径文字工具 ✎，将鼠标指针移动到内侧路径上，鼠标指针变为 工 状时，如图7-81所示，单击，然后输入文字，创建路径文字，如图7-82所示。选择字体并设置大小，如图7-83所示。

图 7-81

图 7-82

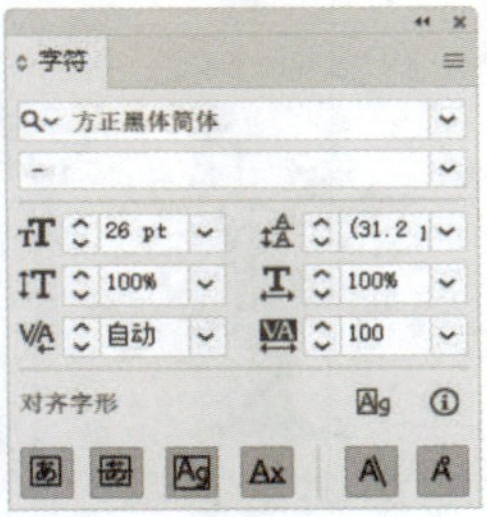

图 7-83

05 执行"文字>路径文字>路径文字选项"命令，调整文字在路径上的位置，如图7-84和图7-85所示。

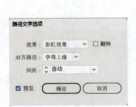

图 7-84

图 7-85

06 选择选择工具 ▶，将鼠标指针移动到图7-86所示的终点标记上，将其向下拖曳，如图7-87所示。

所示，以方便调整起点标记。之后拖曳文字的起点标记，移动文字，如图7-88和图7-89所示。

图 7-86

图 7-87

图 7-88

图 7-89

7.4.2 移动和翻转路径文字

创建路径文字后，使用选择工具 ▶ 将其选中，将鼠标指针移动到起点标记上，鼠标指针变为 ▶ 状时沿路径拖曳，可以移动文字，如图7-90和图7-91所示。

图 7-90

图 7-91

鼠标指针在终点标记上变为 ▶ 状时，向路径内侧拖曳，可以翻转文字，如图7-92和图7-93所示。

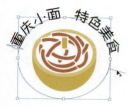
图 7-92

图 7-93

7.4.3 路径文字选项

使用选择工具 ▶ 选中路径文本,如图 7-94 所示,执行"文字 > 路径文字 > 路径文字选项"命令,打开"路径文字选项"对话框,如图 7-95 所示。

图 7-94

图 7-95

"路径文字选项"对话框介绍

- **效果**:默认设置为"彩虹效果",可以选择其他选项,对路径文字进行扭曲,效果如图 7-96 所示。

倾斜效果

3D 带状效果

阶梯效果

重力效果

图 7-96

- **对齐路径**:指定如何将文字与路径对齐,如图 7-97 所示。

字母上缘

字母下缘

居中

基线

图 7-97

- **间距**:当文字围绕尖锐曲线或锐角排列时,因为突出展开的关系,文字可能会出现额外的间距,调整"间距"值可消除不必要的间距。如果要修改路径上所有文字的间距,可以选中这些文字,之后在"字符"面板或"属性"面板中进行字距调整。

- **翻转**:翻转路径上的文字。

7.4.4 串接文本

创建区域文字和路径文字时,如果文字数量超过文本框和路径的容纳量,多出来的文字会被隐藏,并在文本框右下角或路径边缘显示 ⊞ 状图标,如图7-98所示。此时可以应用串接文本功能进行调整。

图 7-98

1. 通过串接的方法导出文字

使用选择工具 ▶ 单击文本，再单击 ⊞ 状图标，鼠标指针会变为 ⊩ 状，如图 7-99 所示。之后可以通过以下方法导出文字。

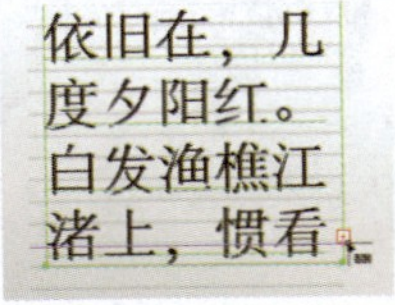

图 7-99

● **单击**：在空白处单击，可以将文字导出到一个与原文本框大小相同的文本框中，如图 7-100 所示。

图 7-100

● **拖曳鼠标**：拖曳鼠标，文字会导出到所拖曳出的矩形文本框中，如图 7-101 所示。

图 7-101

● **单击图形**：单击一个图形，可以将文字导入该图形中，如图 7-102 和图 7-103 所示。

图 7-102

图 7-103

2. 中断串接

双击文字连接点（原红色加号 ⊞ 处），可中断串接，文字会回到之前所在的图形中。

3. 删除串接

使用选择工具 ▶ 单击文本，执行"文字 > 串接文本 > 移去串接"命令，文本将被保留在原位，但各个文本框之间不再是串接关系。

7.5 设置字符和段落格式

创建文字后，可以在"字符"面板和控制栏中设置字符格式，如字体、大小、间距和行距等，以及段落格式，包括段落的对齐、缩进和间距等，让文字版面更加美观。

7.5.1 课堂案例：奶茶字体设计

视频位置	多媒体教学 >7.5.1 奶茶字体设计 .mp4
技术掌握	变形文字，用"路径查找器"面板修改图形

本例设计一款奶茶海报上使用的文字，如图 7-104 所示。文字周围加上放射状图形，文字更加醒目，也更加有张力。颜色使用与奶茶相关的温暖色调，以展现温馨和舒适感。

图 7-104

01 选择文字工具 **T**。在画板上单击，单击处会
变为闪烁的文字输入状态，输入文字，如图 7-105
所示。按 Enter 键换行，继续输入文字，如图 7-106
所示。

图 7-105

图 7-106

02 按 Esc 键结束文字输
入。在"字符"面板中
设置文字大小和间距，
如图 7-107 所示。

03 选择自由变换工具

图 7-107

■，将鼠标指针移动到
定界框右侧位于中间的
控制点上，如图 7-108 所示，按住 Shift 键向上
拖曳，让文字向上方斜切，如图 7-109 所示。

图 7-108

图 7-109

04 选择直线段工具 **／**，按住 Shift 键拖曳鼠标，
创建一条竖线，设置描边粗细为 2.5pt，如图 7-110
所示。执行"效果 > 扭曲和变换 > 变换"命令，
复制出新的图形，如图 7-111 和图 7-112 所示。

图 7-110

图 7-111

图 7-112

05 执行"对象 > 扩展外观"命令，将生成的新
图形扩展出来。执行"对象 > 取消编组"命令，
将组解散。执行"对象 > 变换 > 分别变换"命令，
打开"分别变换"对话框，设置"水平""垂直"
参数均为 80%，然后勾选"随机"选项，对线
条的长度进行随机变换，如图 7-113 和图 7-114
所示。关闭对话框后按 Ctrl+G 快捷键编组。

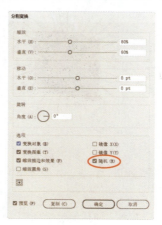

图 7-113

图 7-114

06 使用选择工具 ▶ 将文字拖曳到图形上, 如图 7-115 所示, 按 Ctrl+] 快捷键移动到上层, 按 Ctrl+C 快捷键复制, 以待后用。执行"文字 > 创建轮廓"命令, 将文字转换为路径, 如图 7-116 所示。

图 7-115

图 7-116

07 执行"对象 > 路径 > 偏移路径"命令, 将轮廓向外扩展, 如图 7-117 和图 7-118 所示。

图 7-117

图 7-118

08 在空白处单击取消选择, 然后重新选择文字, 如图 7-119 所示, 单击"路径查找器"面板中的 按钮, 将文字轮廓合并, 如图 7-120 所示。

图 7-119

图 7-120

09 按 Ctrl+A 快捷键全选, 单击"路径查找器"面板中的 按钮, 对轮廓进行运算, 如图 7-121 和图 7-122 所示。

10 在空白处单击取消选择。使用编组选择工具 ▶ 单击一段路径, 如图 7-123 所示, 单击控制

栏中的 按钮, 将类似路径一同选中, 如图 7-124 所示, 按 Delete 键删除。

图 7-121

图 7-122

图 7-123

图 7-124

11 按 Ctrl+A 快捷键选择剩余路径, 如图 7-125 所示, 设置描边颜色为黑色, "粗细"为 3pt, 单击 按钮, 将路径端点改为圆头, 如图 7-126 和图 7-127 所示。

图 7-125

图 7-126

图 7-127

12 按 Ctrl+F 快捷键将步骤 06 中复制的文字贴在前面, 如图 7-128 所示。图 7-129 所示为文字

在海报上的展示效果。

图 7-128

图 7-129

7.5.2 选择字体及样式

图 7-130 所示为"字符"面板。

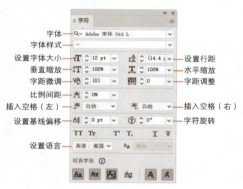
图 7-130

1. 选择字体和字体样式

单击"字体"选项的 ⌄ 按钮，打开下拉列表可以选择字体。有些英文字体还包含变体（如粗体、斜体等），可以在"字体样式"下拉列表中选择。

2. 快速查找字体

在"字体"选项文本框中单击，输入字体名称，所需字体就会显示出来，如图 7-131 所示。

图 7-131

3. 筛选字体

在图 7-132 所示的下拉列表中可以筛选字体。例如，单击所选字体右部的 ≈ 按钮，可以显示与当前所选字体相似的其他字体；单击"过滤器"中的 ⏱ 按钮，显示的是最近添加的字体；单击"过滤器"中的 ↻ 按钮，可以显示从 Adobe Fonts 网站下载并已激活的字体。

图 7-132

7.5.3 设置文字大小和角度

使用"字符"面板可以修改文字大小，对其进行缩放和旋转。

1. 设置文字大小

在"设置字体大小"选项 🇹🇹 中可以设置文字的大小，如图 7-133 和图 7-134 所示。

字体大小为 120pt
图 7-133

字体大小为 100pt
图 7-134

2. 拉伸与缩放

在"垂直缩放" 🇹🇹 选项中可以对文字进行垂直缩放，如图 7-135 所示；在"水平缩放" 🇹🇹 选项中可以对文字进行水平缩放，如图 7-136 所示。这两个选项的百分比值相同时，可以进行等比缩放。

垂直缩放为150%

图7-135

水平缩放为150%

图7-136

3. 旋转文字

在"字符旋转"⊤选项中可以设置所选文字的旋转角度，如图7-137所示。

字符旋转为−15°

图7-137

7.5.4 调整字间距

在"字符"面板中，调整"比例间距"选项可以收缩字符的间距。调整"字距微调"选项和"字距调整"选项，则既可收缩间距，也能扩展间距。

1. 字距微调

如果想调整两个文字的距离，可以使用任意文字工具在它们中间单击，出现"|"形光标后，如图7-138所示，在"字距微调"选项中进行调整即可。该值为正值时，加大字距，如图7-139所示；为负值时，减小字距。

图7-138

图7-139

2. 调整多段文字

如果想对多段文字或所有文字的间距作出调整，可以先将它们选中，如图7-140所示，然后在"字距调整"选项中进行设置。该值为正值时，字距变大，如图7-141所示；为负值时，字距变小。

图7-140

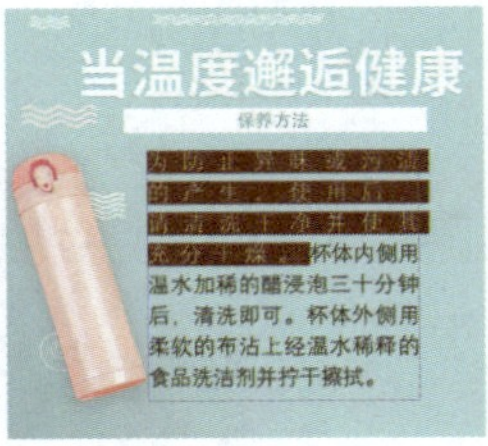

图7-141

3. 设置比例间距

设置"比例间距"可以按照一定的比例来调整间距。默认状态下，文字的比例间距为0%，此时文字的间距最大。"比例间距"设置为50%，文字的间距会变为原来的一半，如图7-142所示；设置为100%，文字间距为0，如图7-143所示。

图7-142

图7-143

7.5.5 设置行距

在"设置行距"选项中可以设置行与行的垂直距离。默认为"自动"，表示行距为文字大小的120%，如图7-144所示。该值越大，行距越大，如图7-145所示。

图 7-144

图 7-145

7.5.6 基线偏移

　　基线是字符排列于其上的一条不可见的直线，如图 7-146 所示。在"字符"面板中设置基线偏移 值，可以调整基线的位置，让文字下移（负值），如图 7-147 所示，或者上移（正值），如图 7-148 所示。

图 7-146

图 7-147

图 7-148

7.5.7 对齐文字

　　输入文字时，每按一次 Enter 键便切换一个段落。"段落"面板可以设置段落属性，如图 7-149 所示。单击最上面一排按钮，可让段落按照一定的规则对齐，如图 7-150 所示。

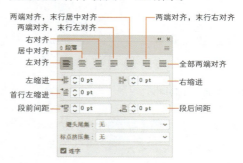

图 7-149

左对齐　　　　　　　　　　　居中对齐

右对齐　　　　　　　　　　　全部两端对齐

图 7-150

7.5.8 缩进文本

　　缩进是指文本与文本对象（如文本框）边界的距离。

　　使用文字工具 **T** 单击要缩进的段落，如图 7-151 所示，在"左缩进" 选项中输入正值，可以使文段左侧向右移动，如图 7-152 所示；在"右缩进" 选项中输入正值，可以使文段右侧向左移动。如果要调整首行文字的缩进量，可以在"首行左缩进" 选项中输入正值。

图 7-151　　　　　图 7-152

7.5.9 调整段落间距

在文字段落中单击，如图 7-153 所示，在"段前间距"选项中输入正值，可以加大它与上一段落的间距，如图 7-154 所示。"段后间距"选项用于控制其与下一段落的间距，如图 7-155 所示。

图 7-153

图 7-154

图 7-155

7.6　课后习题

文字是设计作品的重要组成部分，可以传达信息，能起到美化版面、强化主题的作用。完成下面的课后习题，有助于巩固本章所学知识。

7.6.1　问答题

1. 在 Illustrator 中使用其他程序创建的文本时，怎样操作能保留文本的字符和段落格式？

2. 怎样对文字的填色和描边应用渐变？

3. 在"字符"面板中，可以调整字距的选项有哪些？有何区别？

7.6.2　操作题：奶茶 Logo

视频位置	多媒体教学 >7.6.2 奶茶 Logo.mp4
技术掌握	路径文字的创建、移动和翻转方法

本习题使用路径文字制作一个 Logo，如图 7-156 所示。

图 7-156

01 打开素材，如图 7-157 所示。使用椭圆工具 ○ 创建一个圆形，如图 7-158 所示。

图 7-157　　　　　图 7-158

02 选择路径文字工具，将鼠标指针移动到路径上，如图 7-159 所示，单击，然后输入文字，如图 7-160 所示。

03 单击选择工具 ▶，结束文字的输入。在"字符"面板中选择字体，设置大小，如图 7-161 所示。

在"颜色"面板中设置文字颜色，如图 7-162 和图 7-163 所示。

图 7-159

图 7-160

图 7-161

图 7-162

图 7-163

04 将鼠标指针移动到终点标记上，如图 7-164 所示，向路径内侧拖曳，将文字翻转到路径内部，之后移动到中间位置，如图 7-165 所示。

图 7-164

图 7-165

7.6.3 操作题：3D 特效字

视频位置	多媒体教学 >7.6.3 3D 特效字 .mp4
技术掌握	用 3D 效果制作特效字

本习题以人工智能为主题，利用 3D 功能制作立体特效字，如图 7-166 所示。

图 7-166

01 按 Ctrl+N 快捷键，新建一个 A4 大小的横向文档。使用矩形工具 ▭ 创建一个矩形，填充黑色，按 Ctrl+2 快捷键锁定。

02 使用文字工具 T 输入文字，如图 7-167 和图 7-168 所示。

图 7-167

图 7-168

03 执行"文字 > 创建轮廓"命令，将文字转换为路径。设置填充颜色为黄色，如图 7-169 和图 7-170 所示。

图 7-169

图 7-170

04 选择直接选择工具 ▷，路径内部会显示边角构件，如图 7-171 所示。单击选中字母"A"左上角的边角构件，如图 7-172 所示，之后进行拖曳，将相应边角改为圆角，如图 7-173 所示。

图 7-171　　　　　图 7-172

图 7-173

05 采用同样的方法操作，继续修改文字外形，如图 7-174 所示。

图 7-174

06 执行"效果 >3D 和材质 > 膨胀"命令，创建 3D 文字，如图 7-175 所示。

图 7-175

07 在"3D 和材质"面板中调整 3D 对象的参数，如图 7-176 ～ 图 7-179 所示。

图 7-176

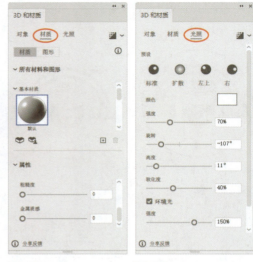

图 7-177　　　　　图 7-178

图 7-179

08 单击 按钮，如图 7-180 所示，渲染 3D 文字，如图 7-181 所示。在 3D 字下方输入一行小字，如图 7-182 所示。

图 7-180　　　　　图 7-181

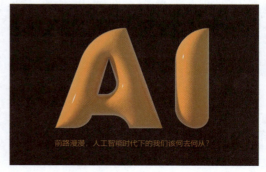

图 7-182

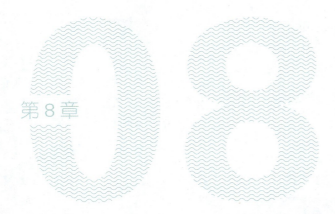

第 8 章

混合与封套扭曲

本章导读

本章介绍 Illustrator 中的两种高级变形功能，即混合和封套扭曲。混合常用于创建复杂的形状和图案，如文字环绕、呈现渐进和变形效果的图形等；封套扭曲在制作特殊形状的文本、图标和艺术图形等方面有着独到之处。

本章学习要点

1. 子非鱼

2. 替换混合轴

3. 立体降价标签

4. 编辑封套扭曲对象

5. 亚克力质感立体字

6. 动感变形 Logo

8.1 混合

混合是一种很有趣的功能，它能从两个或多个对象中生成一系列的中间对象，并使其产生从形状到颜色的全面过渡和融合的效果。混合常用于制作特效字，或者让对象以渐进的方式扭曲变形。

8.1.1 课堂案例：子非鱼

视频位置	多媒体教学 >8.1.1 子非鱼 .mp4
技术掌握	用命令创建混合，修改混合对象中的原始图形

本例使用命令创建混合，制作一条灵动的金鱼，如图 8-1 所示。

图 8-1

01 使用钢笔工具 ✒ 绘制两条路径，如图 8-2 所示。

图 8-2

02 使用选择工具 ▶ 拖曳出一个选框，将两条路径选中，如图 8-3 所示。执行"对象 > 混合 > 建立"命令，创建混合效果，如图 8-4 所示。

图 8-3　　　　　　图 8-4

03 保持对象的选中状态。双击混合工具 🔧，打开"混合选项"对话框，设置"间距"为"指定的步数"，步数为 23，如图 8-5 和图 8-6 所示。

图 8-5　　　　　　图 8-6

04 绘制两条路径，如图 8-7 所示。将它们选中，执行"对象 > 混合 > 建立"命令，创建混合效果，如图 8-8 所示。

图 8-7　　　　　　图 8-8

05 打开"混合选项"对话框修改参数，如图 8-9 和图 8-10 所示。

图 8-9　　　　　　图 8-10

06 使用椭圆工具 ⬭ 创建两个圆形，设置填充颜色为白色，描边颜色为黑色，如图 8-11 所示。将它们选中并创建混合效果，如图 8-12 和图 8-13 所示。

图 8-11　　　图 8-12　　　　　图 8-13

07 按住 Alt 键使用选择工具 ▶ 拖曳圆形，复制出一份。使用编组选择工具 ▷ 单击混合对象中的原始小圆形，如图 8-14 所示，进行拖曳，调整位置，如图 8-15 所示（它用作金鱼的眼睛）。

图 8-14　　　图 8-15

08 使用选择工具 ▶ 将这几个混合对象组合成金鱼图形。再复制出几个圆形作为气泡，如图 8-16 所示。

图 8-16

8.1.2 创建混合

图形、文字、路径、混合路径，以及使用渐变和图案填充的对象，都可用于创建混合。

1. 混合工具

选择混合工具 ，将鼠标指针移动到对象边缘，鼠标指针变为 状时，如图 8-17 所示，单击；将鼠标指针移动到另一个对象上，鼠标指针变为 状时再单击，如图 8-18 所示，即可创建混合，如图 8-19 所示。

图 8-17　　　　图 8-18　　　　图 8-19

2. 混合命令

混合工具 的优点是可以指定混合的开始点位，灵活度较高；但用多个图形创建混合效果时，如果不能正确地捕捉锚点，如图 8-20 和图 8-21 所示，会导致混合效果发生扭曲，如图 8-22 所示。使用"对象 > 混合 > 建立"命令创建混合，可以避免这种情况。

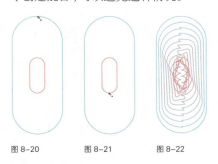

图 8-20　　　　图 8-21　　　　图 8-22

8.1.3 替换混合轴

创建混合后，会生成一条用于连接对象的路径，即混合轴，如图 8-23 所示。混合轴本是一条直线路径，但可以使用钢笔工具 添加锚点，也可以用直接选择工具 ▷ 和锚点工具 ⌐ 修改路径的形状，如图 8-24 所示。此外，还可以用路径替换混合轴。

图 8-23

图 8-24

1. 用路径替换混合轴

绘制一条路径，如图 8-25 所示，将其与混合对象一同选中，执行"对象 > 混合 > 替换混合轴"命令，可替换混合轴，如图 8-26 所示。

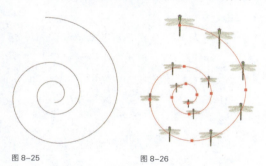

图 8-25   图 8-26

2. 修改对象的垂直方向

使用曲线替换混合轴后，执行"对象 > 混合 > 混合选项"命令，打开"混合选项"对话框。默认状态下，对象的垂直方向与页面一致（图 8-26 所示）。单击"对齐路径"按钮，可以让对象垂直于路径，如图 8-27 和图 8-28 所示。

图 8-27   图 8-28

8.1.4 反向混合轴

创建混合效果后，如图 8-29 所示，执行"对象 > 混合 > 反向混合轴"命令，可以反转混合轴上的混合顺序，如图 8-30 所示。

图 8-29

图 8-30

8.1.5 反向堆叠

如果混合对象互相遮挡，如图 8-31 所示，可将其选中，执行"对象 > 混合 > 反向堆叠"命令，让后面的图形排到前面，如图 8-32 所示。

图 8-31

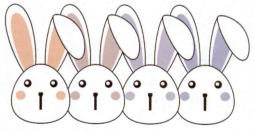

图 8-32

8.1.6 扩展混合

由混合所生成的对象无锚点，不能被选中和修改。如果要编辑它们，可以选择混合对象，如图 8-33 所示，执行"对象 > 混合 > 扩展"命令，将其扩展出来，如图 8-34 所示。这些图形会被自动编组，可以用编组选择工具 ⯈ 选择其中的任意对象进行修改。

图 8-33

图 8-34

8.1.7 释放混合

选择混合对象，执行"对象 > 混合 > 释放"命令，可以将原始对象释放出来，并删除由混合生成的新图形。此外，还会释放出一条无填色、无描边的混合轴（路径）。

8.2 封套扭曲

封套扭曲是一种灵活度较高、可控性很强的变形功能，它能将多个对象封装到一个图形内，使它们按照这个图形的外观产生扭曲。

8.2.1 课堂案例：立体降价标签

视频位置	多媒体教学 >8.2.1 立体降价标签 .mp4
技术掌握	用顶层对象创建封套扭曲，通过混合制作立体效果

本例使用混合及封套扭曲功能制作一个立体标签，如图 8-35 所示。

图 8-35

01 创建一个 RGB 颜色模式的文档。选择文字工具 **T**，在画板上单击并输入文字，文字的填充颜色为黄色，无描边。在控制栏中选择字体并设置文字大小，如图 8-36 所示。

图 8-36

02 在 "%" 上拖曳鼠标，将其选中，如图 8-37 所示，修改填充颜色，如图 8-38 和图 8-39 所示。按住 Ctrl 键在空白处单击，取消选择。

图 8-37

图 8-38 　　　　图 8-39

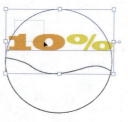

图 8-44 　　　　图 8-45

03 再输入一组文字，如图 8-40 所示。

图 8-40

图 8-46 　　　　图 8-47

04 使用椭圆工具 ⬭ 创建一个圆形，如图 8-41 所示。使用钢笔工具 ✒ 绘制一条曲线，如图 8-42 所示。执行"对象 > 路径 > 分割下方对象"命令，用曲线将下层的圆形分割为两块，如图 8-43 所示。

07 将下方的文字向下移动一点，让两组文字间留一些空隙，如图 8-48 所示。按 Ctrl+A 快捷键全选，按 Ctrl+G 快捷键编组。为文字添加白色描边，如图 8-49 所示。

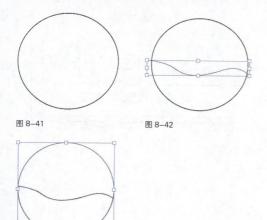

图 8-41 　　　　图 8-42

图 8-43

图 8-48 　　　　图 8-49

05 使用选择工具 ▶ 将文字"10%"移动到上半块图形上。拖曳出一个选框，选中文字及上半块图形，如图 8-44 所示，执行"对象 > 封套扭曲 > 用顶层对象建立"命令，用图形扭曲文字，如图 8-45 所示。执行"对象 > 扩展"命令，将文字扩展为图形。

08 按 Ctrl+C 快捷键复制，按 Ctrl+V 快捷键粘贴。修改文字颜色，如图 8-50 所示。按住 Alt+Shift 键拖曳控制点，将文字等比缩小，如图 8-51 所示。按 Shift+Ctrl+[快捷键将文字调整到底层。

06 将另一组文字移动到下半块图形上，并一同选中，如图 8-46 所示，创建封套扭曲，再用"扩展"命令扩展文字，如图 8-47 所示。

图 8-50 　　　　图 8-51

09 按 Ctrl+A 快捷键全选，如图 8-52 所示。按 Alt+Ctrl+B 快捷键创建混合，然后双击混合工具 ，打开"混合选项"对话框，参数设置如图 8-53 所示，效果如图 8-54 所示。

图 8-52

图 8-53

图 8-56

图 8-54

8.2.2 用变形方法创建封套扭曲

选择对象，如图 8-55 所示，执行"对象 > 封套扭曲 > 用变形建立"命令，打开"变形选项"对话框。"样式"下拉列表中有 15 种预设的封套形状，可用于扭曲对象，如图 8-56 所示，图 8-57 所示为部分效果。选择其中一种预设后，还可以调整参数控制扭曲程度。

拱形

凸出

旗形

扭转

图 8-57

8.2.3 用网格建立封套扭曲

选择对象，执行"对象 > 封套扭曲 > 用网格建立"命令，打开"封套网格"对话框，设置网格数目，如图 8-58 和图 8-59 所示，创建变形网格，然后通过拖曳网格点来进行自由扭曲，如图 8-60 所示。

图 8-55

图 8-58

图 8-59

图 8-60

8.2.4 用顶层对象建立封套扭曲

用顶层对象建立封套扭曲，就是在对象上层放置一个图形，如图 8-61 所示，将它们选中后，执行"对象 > 封套扭曲 > 用顶层对象建立"命令，用该图形扭曲下层的对象，如图 8-62 所示。

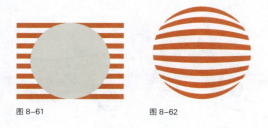

图 8-61　　　　　　　　图 8-62

8.2.5 编辑封套扭曲对象

创建封套扭曲后，使用选择工具▶单击对象，单击控制栏中的"编辑内容"按钮，可以暂时释放封套扭曲，如图 8-63 和图 8-64 所示。在这种状态下，可以编辑封套内容，如图 8-65 所示。修改完成后，单击"编辑封套"按钮，可以恢复封套扭曲。

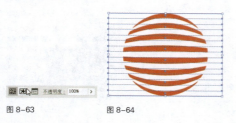

图 8-63　　　　　　　　图 8-64

图 8-65

需要编辑封套时，可以使用直接选择工具▷单击封套扭曲对象，然后进行编辑。例如，使用直接选择工具▷拖曳上、下方锚点，可让图形变为蝴蝶结状，如图 8-66 和图 8-67 所示。

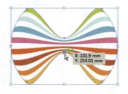

图 8-66　　　　　　　　图 8-67

💡 **小提示**

如果是通过"用变形建立"命令和"用网格建立"命令创建的封套扭曲，可以在控制栏中选择其他样式、修改参数。

8.2.6 封套选项

选择封套扭曲对象，单击控制栏中的按钮，可以打开"封套选项"对话框，如图 8-68 所示。封套选项决定了以何种形式扭曲对象，以便使之适合封套。

图 8-68

"封套选项"对话框介绍

● **消除锯齿**：让对象的边缘更加平滑。这会增加处理时间。

● **剪切蒙版/透明度**：用非矩形封套扭曲对象时，选择"剪切蒙版"选项可在栅格上使用剪切蒙版；选择"透明度"选项，可对栅格应用 Alpha 通道。

● **保真度**：指定封套内容在变形时适合封套

图形的精确程度。该值越高，封套内容的扭曲效果越接近于封套的形状，但会产生更多的锚点，同时也会增加处理时间。

● **扭曲外观**：如果封套内容添加了效果或图形样式等外观属性，勾选该选项，可以使外观属性与对象一同扭曲。

● **扭曲线性渐变填充**：如果被扭曲的对象填充了线性渐变，如图 8-69 所示，勾选该选项，可以将线性渐变与对象一同扭曲，如图 8-70 所示。图 8-71 所示为未勾选该选项时的扭曲效果。

图 8-69

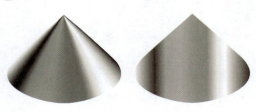

图 8-70   图 8-71

● **扭曲图案填充**：如果被扭曲的对象填充了图案，如图 8-72 所示，勾选该选项可以使图案与对象一同扭曲，如图 8-73 所示。图 8-74 所示为未勾选该选项时的扭曲效果。

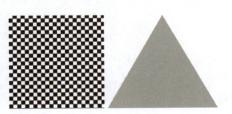

图 8-72

图 8-73   图 8-74

8.2.7 扩展封套扭曲

选择封套扭曲对象，执行"对象 > 封套扭曲 > 扩展"命令，可以将封套扭曲对象扩展为矢量图形。

8.2.8 释放封套扭曲

执行"对象 > 封套扭曲 > 释放"命令，可以释放封套扭曲，让对象恢复到封套前的状态。如果封套扭曲是使用"用变形建立"命令或"用网格建立"命令制作的，还会释放出一个封套形状的图形。

8.3 课后习题

多做练习是掌握混合和封套扭曲功能的关键。尝试不同的形状和参数设置，看看它们如何影响效果。随着实践的增加，就能更加熟练地运用这些功能制作特效。完成下面的课后习题，有助于巩固本章所学知识。

8.3.1 问答题

1. 哪些对象可以用来创建混合？

2. 请说出封套扭曲的创建方法及哪些对象不能创建封套扭曲。

3. 如果对象填充了图案并添加了效果，在进行封套扭曲时，怎样才能让图案一同扭曲？怎样取消对效果和图形样式的扭曲？

8.3.2 操作题：亚克力质感立体字

视频位置	多媒体教学 >8.3.2 亚克力质感立体字 .mp4
技术掌握	用 3D 效果调整文字的透视，创建混合

本习题用 3D 效果和混合功能制作立体字。用混合功能创建的立体字，颜色变化非常独特，使用纯色填充时，其色彩犹如亚克力般柔美，如图 8-75 所示。

图 8-75

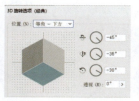

图 8-80

图 8-81

01 新建一个 RGB 颜色模式的文档。使用矩形工具 □ 创建一个矩形，填充紫色作为背景，如图 8-76 和图 8-77 所示。按 Ctrl+2 快捷键锁定。

04 按住 Alt+Shift 键使用选择工具 ▶ 向下拖曳文字，复制出一份，如图 8-82 所示，按 Ctrl+[快捷键后移一层。选择吸管工具 ✐，在紫色背景上单击，拾取其颜色作为下方文字的颜色，如图 8-83 所示。

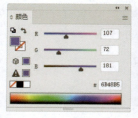

图 8-76

图 8-77

图 8-82

图 8-83

02 使用文字工具 T 输入文字，如图 8-78 和图 8-79 所示。

05 使用选择工具 ▶ 选中这两个文字，按 Alt+Ctrl+B 快捷键创建混合，如图 8-84 和图 8-85 所示。

图 8-78

图 8-79

图 8-84

图 8-85

03 执行"效果 >3D 和材质 >3D（经典）> 旋转（经典）"命令，打开"3D 旋转选项（经典）"对话框，选择"等角 - 下方"选项，如图 8-80 所示，调整文字的角度，如图 8-81 所示。

06 使用文字工具 T 输入文字"道"，如图 8-86 所示。打开"3D 旋转选项（经典）"对话框，选择"等角 - 左方"选项，如图 8-87 和图 8-88 所示。

图 8-86

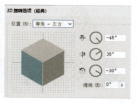

图 8-87

图 8-88

07 使用选择工具 ▶ 拖曳复制出一份文字，如图 8-89 所示，修改为背景色，然后创建混合，如图 8-90~图 8-91 所示。最终效果如图 8-92 所示。

图 8-89 　　　　　　图 8-90

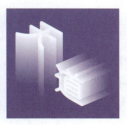

图 8-91 　　　　　　图 8-92

8.3.3 操作题：动感变形 Logo

视频位置	多媒体教学 >8.3.3 动感变形 Logo.mp4
技术掌握	用网格建立封套扭曲，让 Logo 变为飘动的旗帜效果

本习题制作一款变形字，如图 8-93 所示。

图 8-93

01 新建一个 RGB 颜色模式的文档。使用文字工具 **T** 输入文字，如图 8-94 和图 8-95 所示。

图 8-94 　　　　　　图 8-95

02 使用选择工具 ▶ 选中文本框，执行"窗口 > 色板库 > 图案 > 基本图形 > 基本图形_线条"命令，打开"基本图形_线条"面板。单击图 8-96 所示的图案，作为文字的填充内容，如图 8-97 所示。

图 8-96 　　　　　　图 8-97

03 执行"对象 > 扩展"命令，将文字扩展为图形，如图 8-98 所示。再次执行该命令，将填充内容也扩展为图形，如图 8-99 所示。

图 8-98 　　　　　　图 8-99

04 执行"对象 > 封套扭曲 > 用网格建立"命令，打开"封套网格"对话框，设置网格数目，如图 8-100 所示，创建变形网格，如图 8-101 所示。

图 8-100

图 8-101

05 使用直接选择工具 ▷ 拖曳出一个选框选中图 8-102 所示的 3 个锚点。将鼠标指针移动到所选锚点中的一个上，然后进行拖曳，如图 8-103 所示。

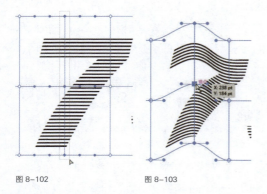

图 8-102　　　　　图 8-103

06 选中图 8-104 所示的 3 个锚点，向下拖曳，如图 8-105 所示。

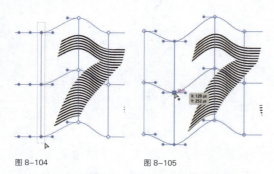

图 8-104　　　　　图 8-105

07 采用同样的方法处理其他文字，使其扭曲，如图 8-106 所示。在空白处单击，完成编辑。使用文字工具 T 在下方输入一行小文字，如图 8-107 所示。

图 8-106

D·PARK 酒仙桥路2号

图 8-107

08 创建一个矩形。单击"基本图形_线条"面板中的 ◀ 按钮，切换为"基本图形_纹理"面板，单击图 8-108 所示的图案，填充矩形，如图 8-109 所示。

图 8-108　　　　　图 8-109

09 按 Shift+Ctrl+[快捷键将矩形移至底层。使用选择工具 ▷ 将文字拖曳到矩形上，如图 8-110 所示。

D·PARK 酒仙桥路2号

图 8-110

第 9 章

混合模式、不透明度与蒙版

本章导读

本章介绍 Illustrator 中与图形、图像合成有关的功能，即混合模式、不透明度、不透明度蒙版和剪切蒙版。它们能增加图形和图像的复杂性和视觉效果，更好地表现创意。

本章学习要点

1. 手机锁屏图案

2. 混合模式

3. 珠光效果 Logo

4. 不透明度蒙版原理

5. 精品菜单设计

6. 创建剪切蒙版

Illustrator

9.1 混合模式与不透明度

混合模式能让上下堆叠的对象混合，创建特殊的颜色、阴影、发光和透明效果。

调整对象的不透明度可以创建半透明对象和淡出效果，而且也能使其与下层对象混合。例如，将文本或图形的不透明度降低，可以创建半透明的信息提示或背景，使主要内容更加突出。

9.1.1 课堂案例：手机锁屏图案

视频位置	多媒体教学 >9.1.1 手机锁屏图案 .mp4
技术掌握	制作花纹，修改混合模式和不透明度并定义为图案

本例首先制作一个花纹图案，再将不透明度和混合模式结合使用，让各个图形叠透，如图 9-1 所示。

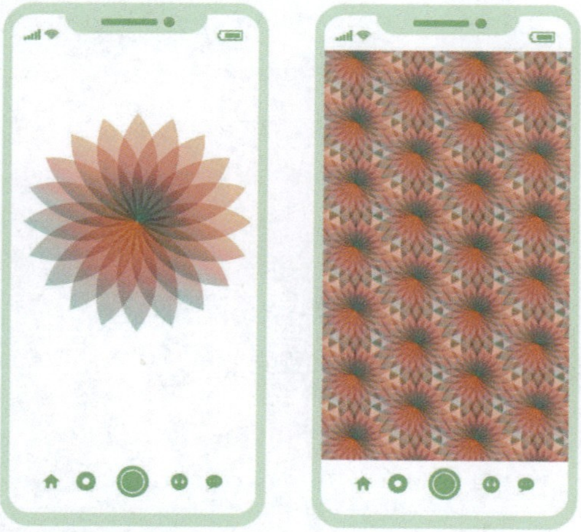

图 9-1

01 新建一个 RGB 颜色模式的文档。选择椭圆工具，按住 Shift 键拖曳鼠标，创建一个圆形，如图 9-2 所示。

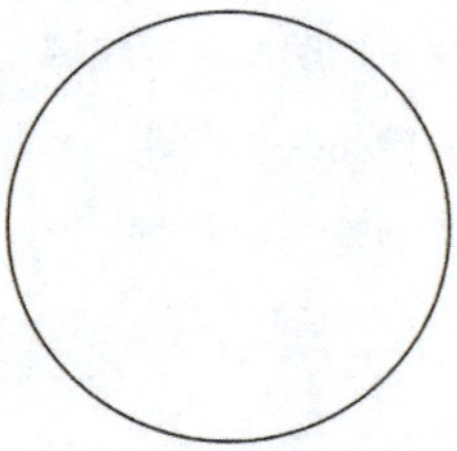

图 9-2

02 选择锚点工具，在图 9-3 所示的两个锚点上各单击一下，修改形状，如图 9-4 所示。

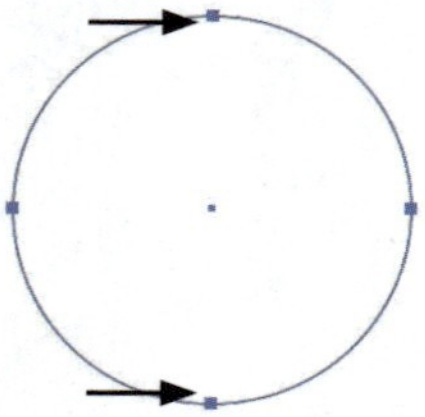

图 9-3

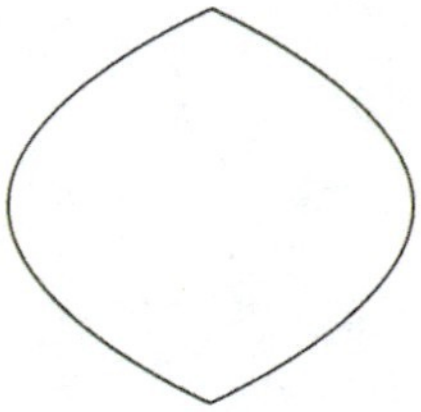

图 9-4

03 使用选择工具拖曳定界框上的控制点，将图形调整为树叶状，如图 9-5 所示。选择旋转工具，按住 Alt 键在图形底部的锚点上单击，将参考点移动到这里，如图 9-6 所示，同时打开“旋转”对话框，设置参数并单击“复制”按钮，如图 9-7 所示，复制并旋转图形，如图 9-8 所示。

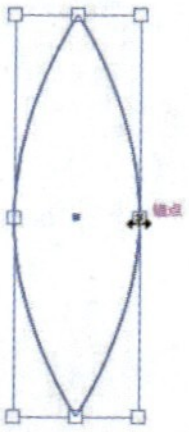

图 9-5

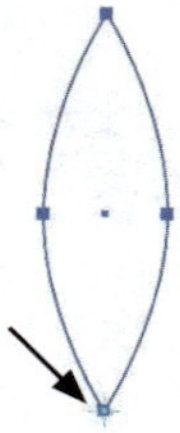

图 9-6

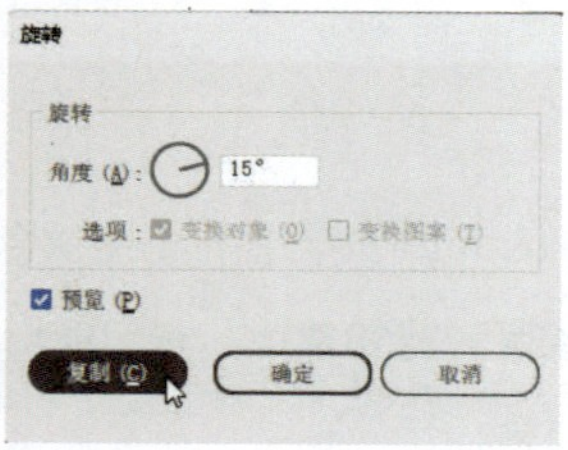

图 9-7

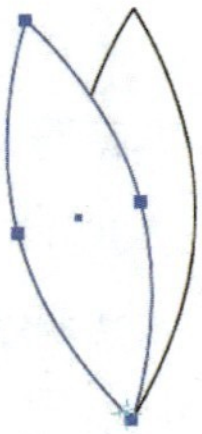

图 9-8

04 连按 22 次 Ctrl+D 快捷键继续复制图形，如图 9-9 所示。

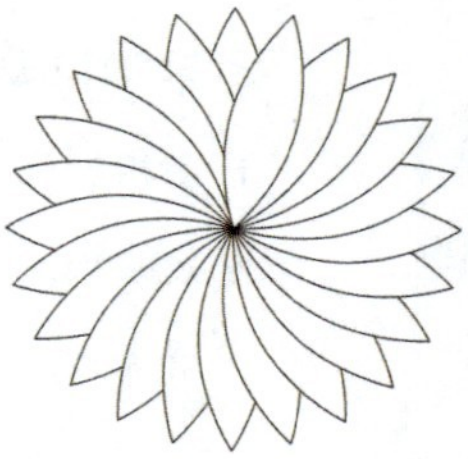

图 9-9

05 执行“窗口 > 色板库 > 渐变 > 色彩调和”命令，打开“色彩调和”面板。按 Ctrl+A 快捷键全选，为图形填充图 9-10 所示的渐变。取消描边，如图 9-11 所示。

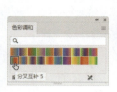

图 9-10　　　　　　图 9-11

06 打开"透明度"面板，修改混合模式和"不透明度"，如图 9-12 和图 9-13 所示。

图 9-12　　　　　　图 9-13

07 修改渐变的角度，如图 9-14 和图 9-15 所示。

图 9-14　　　　　　图 9-15

08 按 Ctrl+A 快捷键全选，按 Ctrl+G 快捷键编组。执行"对象 > 图案 > 建立"命令，定义图案，如图 9-16 所示。创建一个矩形，填充该图案，效果如图 9-17 所示。

图 9-16　　　　　　图 9-17

9.1.2 混合模式

默认状态下，Illustrator 中的对象都使用"正常"模式。图 9-18 和图 9-19 所示为两个"正常"模式的图稿，如果将条纹放在老虎上层，它就会完全遮盖下层的老虎，如图 9-20 所示。

图 9-18　　　　　　图 9-19

图 9-20

选择位于上层的对象，单击"透明度"面板中的 ⌄ 按钮打开下拉列表，选择一种混合模式，可让其与下层对象混合。Illustrator 中有 16 种混合模式，分为 6 组，如图 9-21 所示，每组中的模式都有着相近的用途。

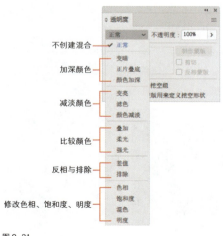

图 9-21

1. 色彩术语

- **混合色**：所选对象、组或图层的原始色彩。

- **基色**：图稿的底层颜色。

- **结果色**：混合后得到的颜色。

2. 混合模式原理及效果

- **变暗**：选择基色或混合色中较暗的一个作为结果色。比混合色亮的区域会被结果色取代，比混合色暗的区域会保持不变，如图9-22所示。

- **正片叠底**：将基色与混合色相乘，得到的颜色总是比基色和混合色都要暗一些。任何颜色与黑色相乘都会产生黑色，与白色相乘保持不变。其效果类似于使用多个魔术笔在页面上绘图，如图9-23所示。

图9-22　　　　　　　图9-23

- **颜色加深**：加深基色以反映混合色。与白色混合后不产生变化，如图9-24所示。

- **变亮**：选择基色或混合色中较亮的一个作为结果色。比混合色暗的区域将被结果色取代，比混合色亮的区域将保持不变，如图9-25所示。

图9-24　　　　　　　图9-25

- **滤色**：将混合色的反相颜色与基色相乘，得到的颜色总是比基色和混合色都要亮一些。用黑色滤色时颜色保持不变，用白色滤色时将产生白色。此效果类似于多个幻灯片图像在彼此之上投影，如图9-26所示。

- **颜色减淡**：加亮基色以反映混合色。与黑色混合不发生变化，如图9-27所示。

图9-26　　　　　　　图9-27

- **叠加**：对颜色进行相乘或滤色，具体取决于基色。图案或颜色叠加在现有的图稿上，在与混合色混合以反映原始颜色的亮度和暗度的同时，保留基色的高光和阴影，如图9-28所示。

- **柔光**：使颜色变暗或变亮，具体取决于混合色。此效果类似于漫射聚光灯照在图稿上。如果混合色（光源）比50%灰色亮，图稿将变亮，就像被减淡了一样。如果混合色（光源）比50%灰色暗，则图稿会变暗，就像加深后的效果。使用纯黑色或纯白色上色，可以产生明显变暗或变亮的区域，但不能生成纯黑色或纯白色，如图9-29所示。

图9-28　　　　　　　图9-29

- **强光**：对颜色进行相乘或过滤，具体取决于混合色。此效果类似于耀眼的聚光灯照在图稿上。如果混合色（光源）比50%灰色亮，图稿会变亮，就像过滤后的效果，这对于给图稿添加高光很有用；如果混合色（光源）比50%灰色暗，则图稿会变暗，就像正片叠底后的效果。用纯黑色或纯白色上色会产生纯黑色或纯白色，如图 9-30 所示。

● **差值**：从基色减去混合色或从混合色减去基色，具体取决于哪一种的亮度值较大。与白色混合将反转基色值，与黑色混合则不发生变化，如图 9-31 所示。

图 9-30 　　　　　　　图 9-31

● **排除**：创建一种与"差值"模式相似但对比度更低的效果。与白色混合将反转基色分量，与黑色混合不发生变化，如图 9-32 所示。

● **色相**：用基色的亮度和饱和度，以及混合色的色相创建结果色，如图 9-33 所示。

图 9-32 　　　　　　　图 9-33

● **饱和度**：用基色的亮度和色相，以及混合色的饱和度创建结果色，如图 9-34 所示。

● **混色**：用基色的亮度，以及混合色的色相和饱和度创建结果色，如图 9-35 所示。该模式可以保留图稿中的灰阶，对于给单色图稿上色及给彩色图稿染色非常有用。

● **明度**：用基色的色相和饱和度，以及混合色的亮度创建结果色，得到与"混色"模式相反的效果，如图 9-36 所示。

图 9-34 　　　　图 9-35 　　　　图 9-36

9.1.3 不透明度

选择对象，如图 9-37 所示，在"透明度"面板的"不透明度"选项中调整数值，如图 9-38 所示，可以使对象呈现透明效果。如果想更好地观察透明程度，可以执行"视图 > 显示透明度网格"命令，显示透明度网格，如图 9-39 所示。如果其下层有其他对象，则会显现并与之叠加。

图 9-37

图 9-38 　　　　　　　图 9-39

💡 **小提示**

不透明度以百分比为单位，100% 代表完全不透明；0% 为完全透明；中间的数值代表半透明，数值越低，透明度越高。

9.1.4 填色和描边的混合模式及不透明度

选择对象，如图 9-40 所示。

1. 调整混合模式

"外观"面板中包含对象的"填色"

图 9-40

和"描边"属性,可以单击各个属性的 ❯ 按钮展开列表,然后单击列表中的"不透明度"选项,打开下拉面板修改混合模式,如图9-41和图9-42所示;也可以在"透明度"面板中进行修改。

调整填充内容的混合模式

图9-41

调整描边的混合模式

图9-42

2. 调整不透明度

同样,可以在打开的下拉面板中调整填色和描边的不透明度,如图9-43和图9-44所示;也可以在"透明度"面板中进行调整。

调整填充内容的不透明度

图9-43

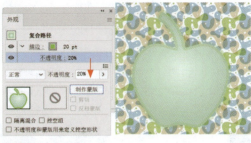

调整描边的不透明度

图9-44

9.1.5 图层的混合模式及不透明度

在图层的选择列上单击,将图层选中,如图9-45和图9-46所示。

图9-45   图9-46

1. 调整混合模式

在"透明度"面板中修改混合模式,如图9-47和图9-48所示。此后,该图层中的对象都会受到此图层混合模式的影响,并与下方图层中的对象产生混合。

图9-47   图9-48

2. 调整不透明度

调整"不透明度"值,该图层中的所有对象都会使用此属性。

9.2 不透明度蒙版

使用不透明度蒙版可以让特定区域产生透明效果。例如，让图片逐渐地融入背景，或者使用文本作为蒙版创建有趣的文字渐变。

9.2.1 课堂案例：珠光效果 Logo

视频位置	多媒体教学 >9.2.1 珠光效果 Logo.mp4
技术掌握	制作银箔状纹理，并通过不透明度蒙版添加到 Logo 上

本例使用 Illustrator 中的 Photoshop 效果和不透明度蒙版制作特效字，如图 9-49 所示。

图 9-49

01 打开素材，如图 9-50 所示。这是第 7 章的实例。使用矩形工具 □ 创建一个矩形。单击工具栏中的 ■ 按钮，填充黑白渐变，无描边，如图 9-51 所示。

图 9-50　　　　　　　图 9-51

02 在"渐变"面板中调整渐变角度并移动渐变滑块，如图 9-52 和图 9-53 所示。

图 9-52　　　　　　　图 9-53

03 执行"效果 > 像素化 > 铜版雕刻"命令，让渐变变为网点，如图 9-54 和图 9-55 所示。

图 9-54　　　　　　　图 9-55

04 使用选择工具 ▶ 拖曳出一个选框，将矩形与下层的文字选中，如图 9-56 所示，单击"透明度"面板中的"制作蒙版"按钮，创建不透明度蒙版，如图 9-57 和图 9-58 所示。

图 9-56　　　　　　　图 9-57

图 9-58

9.2.2 不透明度蒙版原理

创建不透明度蒙版时，Illustrator 会依据蒙版对象的灰度值控制下层对象如何显示，如图 9-59 所示。蒙版对象中的黑色会完全遮盖下层对象；灰色的遮盖强度没有黑色大，会使对象呈现透明效果，灰色越浅，透明度越高；白色不会遮盖对象。

蒙版对象
下层对象
创建不透明度蒙版后的效果

图 9-59

9.2.3 链接蒙版与被遮盖对象

创建不透明度蒙版后，蒙版与被其遮盖的对象的缩略图中间有一个链接图标█，如图 9-60 所示。此时移动和旋转对象，二者同步进行，因此，被遮盖的区域不会改变。

图 9-60

单击█图标可以取消它们的链接，此后可单击图稿缩览图（或蒙版缩览图），对图稿（或蒙版）进行单独编辑。图 9-61 所示为单独缩小对象时的效果。需要重新建立链接时，在原█图标处单击即可。

图 9-61

9.2.4 取消剪切

默认状态下创建的不透明度蒙版为剪切模式，即蒙版对象以外的内容都被剪切掉了。取消"透明度"面板中的"剪切"选项的勾选，蒙版对象外的内容会显示出来，如图 9-62 所示。

图 9-62

9.2.5 释放不透明度蒙版

选择对象，单击"透明度"面板中的"释放"按钮，可以释放不透明度蒙版，对象会恢复为添加蒙版前的状态。

9.3　剪切蒙版

在对象上层放置一个图形，创建剪切蒙版后，对象就只在图形内部显示，这就是剪切蒙版能实现的效果。剪切蒙版常用于创建复杂的形状和图案，或隐藏对象的一部分内容。

9.3.1 课堂案例：精品菜单设计

视频位置	多媒体教学 >9.3.1 精品菜单设计 .mp4
技术掌握	用剪切蒙版隐藏图像的背景

本例制作一份菜单，如图 9-63 所示。

图 9-63

图像一同选中，如图 9-67 所示，执行"对象 >
剪切蒙版 > 建立"命令创建剪切蒙版，将轮廓
外的图像隐藏，如图 9-68 所示。

图 9-67

图 9-68

01 按 Ctrl+N 快捷键打开"新建文档"对话框，
创建一个 A4 大小的文档，每边留出 3mm 出血，
如图 9-64 所示。

图 9-64

02 执行"文件 > 置入"命令，打开"置入"对
话框，选择菜品素材，取消"链接"选项的勾选，
将其置入新建的文档中，如图 9-65 所示。使用
钢笔工具 描绘菜盘轮廓，如图 9-66 所示。

图 9-65　　　　图 9-66

03 使用选择工具 拖曳出一个选框，将轮廓与

04 选择椭圆工具 ，在另外两幅图像中创建圆
形，将菜盘轮廓定义出来，如图 9-69 所示。分
别创建剪切蒙版，效果如图 9-70 所示。

图 9-69

图 9-70

05 按图 9-71 所示的布局
调整菜盘位置。

06 使用文字工具 T 输入
酒店名称，如图 9-72~图
9-74 所示。单击"色板"
面板中的 按钮，将文字
颜色保存起来，如图 9-75

图 9-71

所示。此后创建的文字、线条等都使用该色板。

图 9-72　　　　　　　图 9-73

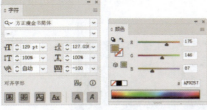

图 9-74　　　　　　　图 9-75

07 使用直排文字工具 ⅠＴ 拖曳出定界框，定义文字范围，如图 9-76 所示，输入古诗，如图 9-77 和图 9-78 所示。

图 9-76

图 9-77　　　　　　　图 9-78

08 使用直线段工具 ╱ 创建一条竖线，如图 9-79 所示。按住 Alt+Shift 键使用选择工具 ▶ 拖曳竖线，复制出多份，如图 9-80 所示。将这几条竖线选择，单击控制栏中的 ⇥‖ 按钮，让它们的间隔相同，如图 9-81 所示。

图 9-79　　图 9-80　　　　图 9-81

09 使用椭圆工具 ◯ 创建一个圆形，设置"不透明度"为 64%，如图 9-82 和图 9-83 所示。

图 9-82　　　　　　　图 9-83

10 使用文字工具 T 在画板空白处单击，输入菜品名称和价格，然后用选择工具 ▶ 拖曳到圆形上，如图 9-84 和图 9-85 所示。

图 9-84　　　　　　　图 9-85

11 输入其他菜品名称和价格，添加装饰性线条，如图 9-86 所示。

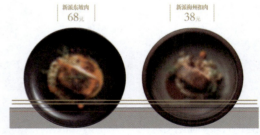

图 9-86

12 在菜单顶部创建一个矩形，如图 9-87 所示。

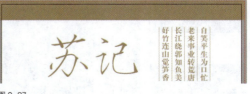

图 9-87

13 打开纹样素材，拖入当前文档中，设置混合模式为"正片叠底"，如图 9-88 所示。创建一个矩形，填充黑色，移至底层作为背景。执行"视图 > 裁切视图"命令，将延伸到画板之外的图稿隐藏。图 9-89 所示为整体效果。

图 9-88　　　　　　　　图 9-89

9.3.2 创建剪切蒙版

用不同的方法创建剪切蒙版，得到的效果也会有所不同。

1. 用命令创建

选择文字及下层的两组图形，如图 9-90 所示，执行"对象 > 剪切蒙版 > 建立"命令创建剪切蒙版，蒙版只遮盖所选对象，不影响其他对象，如图 9-91 所示。

图 9-90　　　　　　图 9-91

> 💡 **小提示**
>
> 只有矢量对象才能用作剪切蒙版的图形，但所有对象都可以被剪切蒙版隐藏。

2. 用图层创建

在"图层"面板中，选择子图层顶层为文字对象的图层，单击面板中的■按钮创建剪切

蒙版，蒙版图形会遮盖此图层中其余的所有对象，如图 9-92 和图 9-93 所示。

图 9-92　　　　　　　　图 9-93

9.3.3 编辑剪切蒙版

创建剪切蒙版后，需要编辑被遮盖的对象时，可以单击控制栏中的◉按钮，如图 9-94 所示，蒙版内的对象就会被选中。如果要编辑蒙版对象，可以单击▣按钮。

图 9-94

9.3.4 释放剪切蒙版

选择剪切蒙版组后，执行"对象 > 剪切蒙版 > 释放"命令，或者单击"图层"面板中的▣按钮，可以释放剪切蒙版。由于创建剪切蒙版时会删除对象的填色和描边，因此，释放出的对象也无填色和描边。

9.4　课后习题

在设计工作中使用本章介绍的混合模式、不透明度和蒙版等功能，可以制作出各种视觉效果，更好地表达创意和设计意图。完成下面的课后习题，有助于巩固本章所学知识。

9.4.1 问答题

1. 怎样单独调整填色和描边的不透明度及

混合模式?

　　2. 怎样创建剪切蒙版?

　　3. 哪些对象可作为蒙版使用?

9.4.2 操作题: 航天题材手机屏幕

视频位置	多媒体教学 >9.4.2 航天题材手机屏幕 .mp4
技术掌握	创建剪切蒙版

　　本习题用剪切蒙版制作手机屏幕图像。

01 打开素材。使用选择
工具 ▶ 单击手机屏幕图
形，如图 9-95 所示，
按 Ctrl+C 快捷键复制。

02 将航天员移动到屏幕
上。按 Ctrl+F 快捷键将
图形粘贴到顶层。按住 Shift 键单击航天员，将
其与屏幕图形一同选中，如图 9-96 所示，按
Ctrl+7 快捷键创建剪切蒙版，如图 9-97 所示。

图 9-95

图 9-96

图 9-97

9.4.3 操作题: 透明磨砂效果 App 界面

视频位置	多媒体教学 >9.4.3 透明磨砂效果 App 界面 .mp4
技术掌握	修改渐变的不透明度

　　本习题制作 App 界面，如图 9-98 所示。

图 9-98

01 打开素材。使用编组选择工具 ▶ 单击手机图
形，如图 9-99 所示，用渐变填充。两个渐变滑
块的颜色都是白色，左侧滑块的"不透明度"
为 70%，如图 9-100 所示，右侧为 10%，如图 9-101
所示。此时手机图形的效果如图 9-102 所示。

图 9-99

图 9-100

图 9-101

图 9-102

02 在右侧图稿上创建一个圆形，如图 9-103
所示。将其与下层图稿创建为剪切蒙版，修改
混合模式和不透明度，移动到手机图形上，如
图 9-104 和图 9-105 所示。

图 9-103

图 9-104

图 9-105

第 10 章

效果、外观与图形样式

本章导读

本章介绍 Illustrator 中用于制作特效的功能。在作品中使用特效可以增强视觉效果，给人留下深刻的印象。例如，光影特效能使平面对象看起来具有立体感，文字应用特效以后会更加醒目。

本章学习要点

1. 软陶玩偶效果

2. 凸出和斜角

3. 材质

4. 光照

5. 健康食品标签设计

6. 从对象上复制外观

10.1 Illustrator 效果

Illustrator 效果可以修改图形的外观，对其进行扭曲，添加投影，令其发光等。

10.1.1 课堂案例：毛绒卡通玩具

视频位置	多媒体教学 >10.1.1 毛绒卡通玩具 .mp4
技术掌握	运用多种效果制作毛绒状图形

本例使用扭曲类效果制作一只毛绒卡通玩具，如图 10-1 所示。

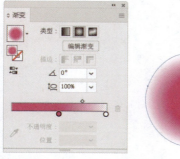

图10-1

01 使用钢笔工具 ✐ 绘制一个图形，填充径向渐变，如图 10-2 和图 10-3 所示。

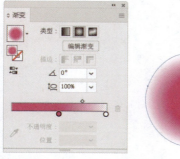

图10-2　　　　　　　　　图10-3

02 执行"效果 > 扭曲和变换 > 粗糙化"命令，创建锯齿，如图 10-4 和图 10-5 所示。

图10-4　　　　　　　　　图10-5

03 执行"效果 > 扭曲和变换 > 收缩和膨胀"命令，让图形边缘呈现绒毛状炸裂，如图 10-6 和图 10-7 所示。

图10-6　　　　　　　　　图10-7

04 执行"效果 > 扭曲和变换 > 波纹效果"命令，让绒毛交错扭曲，如图 10-8 和图 10-9 所示。

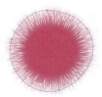

图10-8　　　　　　　　　图10-9

05 单击鼠标右键打开快捷菜单，选择"变换 > 分别变换"命令，打开"分别变换"对话框，参数设置如图 10-10 所示，单击"复制"按钮，复制并变换出一个新的图形，如图 10-11 所示。

图10-10　　　　　　　　　图10-11

06 按 Ctrl+D 快捷键再次变换。所变换出的新图形是上一个图形的 85%，并在其基础上旋转了 10°，如图 10-12 所示。连按 5 次 Ctrl+D 快捷键，效果如图 10-13 所示。

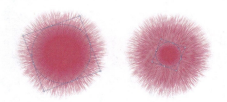

图10-12   图10-13

07 在当前图层的眼睛图标 👁 右侧单击，将图层锁定，如图 10-14 所示。新建一个图层，用于制作眼睛和嘴，如图 10-15 所示。

图10-14   图10-15

08 选择椭圆工具 ○，按住 Shift 键创建圆形。执行"效果 > 风格化 > 投影"命令，添加"投影"效果，如图 10-16 和图 10-17 所示。

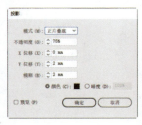

图10-16   图10-17

09 使用钢笔工具 ✒ 绘制 3 条曲线作为眼睫毛，如图 10-18 所示。将它们选中，修改描边，如图 10-19 所示。

图10-18   图10-19

10 按 Ctrl+A 快捷键全选。选择镜像工具 ◁|，按住 Alt 键在图 10-20 所示的位置单击，打开"镜像"对话框，选择"垂直"选项，如图 10-21 所示，单击"复制"按钮，在对称位置复制出另一只眼睛，如图 10-22 所示。

图10-20   图10-21

图10-22

11 绘制两个圆形作为眼球，如图 10-23 所示。使用选择工具 ▶ 将它们选中，按住 Alt+Shift 键拖曳到左侧复制出一份，如图 10-24 所示。

图10-23   图10-24

12 按住 Shift 键用椭圆工具 ○ 创建一个圆形。选择钢笔工具 ✒，将鼠标指针放在圆形顶部的锚点上，如图 10-25 所示，单击删除锚点，如图 10-26 所示。将鼠标指针放在下方的锚点上，按住 Alt 键（临时切换为锚点工具 ⌄），如图 10-27 所示，单击，将该锚点转换为角点，如图 10-28 所示。按住 Ctrl 键（临时切换为直接选择工具 ▷）向下拖曳锚点，如图 10-29 所示。使用选择工具 ▶

将其拖曳到小鸟的眼睛下方，调整合适大小，作为鸟嘴，如图 10-30 所示。

效果组，以及"风格化"效果组中的"投影""羽化"等效果也可以处理位图；Photoshop 效果与Photoshop 中的滤镜类似，矢量对象和位图都可以使用。

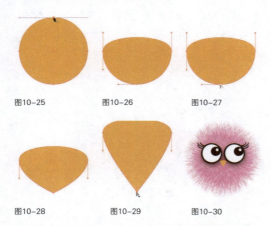

图10-25　　图10-26　　图10-27

图10-28　　图10-29　　图10-30

⑬ 执行"效果 > 风格化 > 投影"命令，添加"投影"效果，如图 10-31 和图 10-32 所示。

1. 添加效果

选择对象后，执行"效果"菜单中的命令，或单击"外观"面板中的 fx 按钮，打开下拉列表，选择一个命令，如图 10-35 和图 10-36 所示，即可为其添加效果。

图10-31　　　　　　　　图10-32

⑭ 用椭圆工具 ◯ 创建椭圆形。填充径向渐变并调整渐变颜色的不透明度，作为小鸟的投影，如图 10-33 和图 10-34 所示。

图10-35　　　　　　　图10-36

2. 快速应用效果

应用一个效果后（如使用"自由扭曲"效果），"效果"菜单顶部会保留该命令，如图 10-37 所示，执行"效果 > 应用'自由扭曲'"命令，可直接应用该效果。执行"效果 > 自由扭曲"命令，可以打开"自由扭曲"对话框，方便修改参数。

图10-33　　　　　　　图10-34

图10-37

10.1.2 效果概览

"效果"菜单包含两类效果：Illustrator 效果主要用于编辑矢量对象，其中"3D""变形"

10.1.3 SVG 滤镜

SVG 滤镜是一系列描述各种数学运算的XML 属性，生成的效果会应用于目标对象。

Illustrator 提供了一组默认的 SVG 效果，可以用这些效果的默认属性，也可以编辑 XML 代码以生成自定义效果，或者写入新的 SVG 效果。

10.1.4 变形

"变形"效果组中包括 15 种效果，如图 10-38 所示，可以扭曲路径、文本、外观、混合及位图。这些效果与 Illustrator 预设的封套扭曲样式相同（见第 153 页图 8-56）。

图 10-38

10.1.5 扭曲和变换

"扭曲和变换"效果组中包含 7 种效果，能让矢量对象扭曲变形。

● "变换"效果：通过重设大小、移动、旋转、镜像和复制等方法改变对象的形状，如图 10-39 和图 10-40 所示。

选择头发图形
图 10-39

添加"变换"效果
图 10-40

● "扭拧"效果：可随机地向内或向外弯曲和扭曲路径段，如图 10-41 所示。

● "扭转"效果：可以旋转一个对象，如图 10-42 所示（中心比边缘旋转程度大）。

图 10-41

图 10-42

● "收缩和膨胀"效果：可以将对象的路径段向内弯曲（收缩），并向外拉出锚点，如图 10-43 所示；或者将路径段向外弯曲（膨胀），同时向内拉入锚点，如图 10-44 所示。

图 10-43

图 10-44

● "波纹效果"效果：可以将对象的路径段变换为同样大小的尖峰和凹谷形成的锯齿和波形数组，如图 10-45 所示。

● "粗糙化"效果：可以将矢量对象的路径段变形为各种大小的尖峰和凹谷形成的锯齿数组，如图 10-46 所示。

图 10-45

图 10-46

● **"自由扭曲"效果**：可拖曳定界框四角的控制点自由扭曲对象，如图 10-47 和图 10-48 所示。

图 10-47   图 10-48

10.1.6 栅格化

执行"效果 > 栅格化"命令，可以让矢量对象呈现位图的外观，但不会改变其矢量结构。

10.1.7 裁切标记

选择对象后，如图 10-49 所示，执行"对象 > 创建裁切标记"命令，可以围绕对象创建可编辑的裁切标记，如图 10-50 所示。裁切标记可以指示纸张的裁切位置。例如，打印名片时，裁切标记非常有用。

图 10-49

图 10-50

10.1.8 路径

"路径"效果组中包含 3 个效果，可以编辑路径和描边。

● **"偏移路径"效果**：可以相对于对象的原始路径复制并偏移出新的路径，如图 10-51 和图 10-52 所示。

原图形   向外偏移路径

图 10-51   图 10-52

● **"轮廓化对象"效果**：可以让图像或图形变为轮廓。

● **"轮廓化描边"效果**：可以将对象的描边转换为轮廓。

10.1.9 路径查找器

"路径查找器"效果组与"路径查找器"面板的用途相同（见第 86 页），即可以组合多个对象。使用"路径查找器"效果的好处是不会给对象造成实质性的破坏，但只能处理组、图层和文本。

10.1.10 转换为形状

"转换为形状"效果组中包含"矩形""圆角矩形"和"椭圆"3 个效果，可以将矢量对象转换为矩形、圆角矩形和椭圆。

10.1.11 风格化

"风格化"效果组中包含 6 种效果，可以为对象添加发光、投影、涂抹和羽化等外观样式。

● "内发光"效果：在对象内部创建发光效果，如图 10-53 和图 10-54 所示。

原图形 内发光

图 10-53　　　　　图 10-54

● "圆角"效果：可以将矢量对象的边角控制点转换为平滑的曲线，使图形中的尖角变为圆角，如图 10-55 所示。

● "外发光"效果：在对象的边缘产生向外发光的效果，如图 10-56 所示。

图 10-55　　　　　图 10-56

● "投影"效果：可以为对象添加投影，创建立体效果，如图 10-57 所示。

● "涂抹"效果：可以将图形创建为类似素描般的手绘效果，如图 10-58 所示。

图 10-57　　　　　图 10-58

● "羽化"效果：可以柔化对象的边缘，使对象从内部到边缘产生逐渐透明的效果，如图 10-59 所示。

图 10-59

10.2 "3D 和材质"效果

"3D 和材质"子菜单中包含"凸出和斜角""绕转""膨胀""旋转"等效果，可以创建逼真的 3D 图形，并可使用光线追踪技术来进行渲染。

10.2.1 课堂案例：软陶玩偶效果

视频位置	多媒体教学 >10.2.1 软陶玩偶效果 .mp4
技术掌握	使用"3D 和材质"面板创建 3D 对象，修改"材质"和"光照"

本例使用"3D 和材质"面板制作一个可爱的软陶玩偶效果立体模型，如图 10-60 所示。

图 10-60

01 打开矢量图稿。在"图层 1"的选择列上单击，如图 10-61 所示，将该图层中的图形选中，如

图 10-62 所示。按 Ctrl+G 快捷键编组。这样制作 3D 效果时，它们将被视为同一个对象，在图形凸起时相交处会生成压痕。

图 10-61

图 10-62

02 打开"3D 和材质"面板，单击"膨胀"按钮 ● 并设置参数，如图 10-63~ 图 10-66 所示。

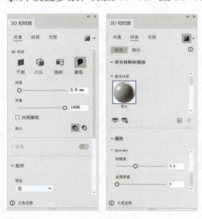

图 10-63

图 10-64

图 10-65

图 10-66

03 单击面板右上角的 ▦ 按钮，进行渲染，如图 10-67 所示。

图 10-67

04 按住 Shift 键使用选择工具 ▶ 单击手部图形，将它们选中，如图 10-68 所示。在"3D 和材质"面板中单击"膨胀"按钮 ●，添加效果，如图 10-69 所示。

图 10-68

图 10-69

05 将"环境光"的"强度"设置为 80%，如图 10-70 所示，单击 ▦ 按钮进行渲染，如图 10-71 所示。

图 10-70

图 10-71

06 保持两只手的选中状态，执行"效果 > 风格化 > 投影"命令，添加投影，如图 10-72 和图 10-73 所示。

图 10-72　　　　　　　图 10-73

07 选择肚皮上的椭圆，在"透明度"面板中设置"混合模式"为"柔光"，"不透明度"为 50%，如图 10-74 和图 10-75 所示。

图 10-74　　　　　　　图 10-75

08 选择鼻子后方的椭圆，设置"混合模式"为"颜色加深"，如图 10-76 和图 10-77 所示。

图 10-76　　　　　　　图 10-77

09 选择红脸蛋，执行"效果 > 风格化 > 羽化"命令，让图形边缘颜色变得模糊、柔和，如图 10-78 和图 10-79 所示。在对象后方衬上图案或其他图稿，可以让 3D 效果更加真实，如图 10-80 所示。

图 10-78　　　　　　　图 10-79

图 10-80

10.2.2 凸出和斜角

应用"凸出和斜角"效果（执行菜单命令与单击"3D 和材质"面板中的"凸出"按钮均可）可以沿对象的 Z 轴凸出并进行拉伸，创建 3D 效果。图 10-81 所示为该效果的参数选项。

图 10-81

参数介绍

在"凸出和斜角"效果所包含的参数中,"旋转"选项适用于所有 3D 效果。

- **深度**:可以设置对象的深度(范围为 0 至 2000px),效果如图 10-82 和图 10-83 所示。

"深度"为 5px

图 10-82

"深度"为 15px

图 10-83

- **端点**:单击 ⊙ 按钮,可以创建实心立体模型,如图 10-83 所示;单击 ⊙ 按钮,可以创建空心立体模型,如图 10-84 所示。

图 10-84

- **斜角**:单击"斜角"选项的 ⊙ 按钮,可以为 3D 对象添加斜角,如图 10-85 所示。

经典

圆角

凸

阶梯

圆形轮廓

方形轮廓

图 10-85

- **旋转**:可以调整对象的观察角度。使用"预设"下拉列表中的选项,可以根据方向、轴和等角应用旋转预设,也可在 X(垂直旋转)、Y(水平旋转)、Z(在圆形方向上旋转)选项中设置参数,进行调整,如图 10-86 和图 10-87 所示。

离轴 – 左方

图 10-86

离轴 – 右方

图 10-87

● **透视**：可以调整透视角度，创建近大远小的透视效果，使 3D 对象的立体感更加真实。较小的镜头角度类似于长焦镜头，如图 10-88 所示；较大的镜头角度类似于广角镜头，如图 10-89 所示。

图 10-88　　　　　　　图 10-89

10.2.3　绕转

应用"绕转"效果（执行菜单命令与单击"3D 和材质"面板中的"绕转"按钮均可）可以让图形沿自身的 Y 轴做圆周运动生成 3D 效果。图 10-90 所示为用于绕转的路径。图 10-91 所示为"绕转"效果参数选项。

图 10-90　　　　　　图 10-91

参数介绍

● **绕转角度**：指定绕转的度数。默认为 360°，如图 10-92 所示。小于该角度，模型上会出现断面，如图 10-93 所示（300°）。

图 10-92　　　　　　图 10-93

● **位移**：用来设置绕转对象与自身轴的距离。该值越高，对象偏离轴越远，如图 10-94 所示（5mm）。

图 10-94

● **偏移方向相对于**：用来设置对象绕着转动的轴，包括"左边"和"右边"两个选项。如果用于绕转的图形是最终对象的左半部分，应该选择"右边"选项。

10.2.4　膨胀

应用"膨胀"效果（执行菜单命令与单击"3D 和材质"面板中的"膨胀"按钮均可）可以向路径增加凸起厚度，创建膨胀扁平的 3D 效果。

10.2.5　旋转

应用"旋转"效果（执行菜单命令与单击"3D 和材质"面板中的"平面"按钮均可）可以创建扁平的 3D 对象，并在三维空间中以各种角度进行旋转，如图 10-95 所示。

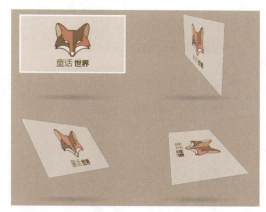

图 10-95

10.2.6　材质

创建 3D 对象时，Illustrator 会为其添加"3D 和材质"面板中的"基本材质"。

1. 预设材质

制作布料、金属、石材、木材等类型的对象时，可以使用"3D 和材质"面板中的"Adobe Substance 材质"，如图 10-96 所示，以更好地模拟质感和纹理。图 10-97 所示为部分材质效果。

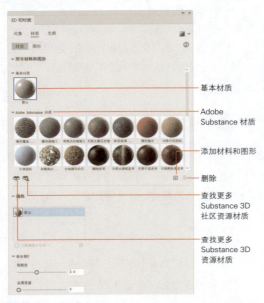

图 10-96

图 10-97

2. 将图稿贴在 3D 对象表面

单击"图形"选项卡，可以选择一个图稿，将其贴在 3D 对象表面，如图 10-98 所示。其原理与使用 3D 类软件（如 Cinema 4D、3ds Max）在模型表面贴图相同。

图 10-98

3. 创建材质

将图稿拖曳到"您的图形"列表中，可将其创建为材质，如图 10-99 所示。

图 10-99

10.2.7 光照

"3D 和材质"面板中包含"光照"选项，如图 10-100 所示。光可以照亮 3D 对象，创建反射效果并生成阴影，让效果更加真实。

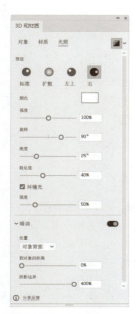

图 10-100

"强度"为 200%，"软化度"为 40%　　　"强度"为 200%，"软化度"为 100%

图 10-102

1. 光源位置

光的默认位置包括"标准""扩散""左上"和"右"，单击相应的按钮即可切换，效果如图 10-101 所示。此外，也可通过"旋转"和"高度"选项进行自由调整。

3. 光的颜色

需要设置光源颜色时，可单击"颜色"选项的"更改光照颜色"按钮，如图 10-103 所示，打开"拾色器"对话框进行调整。

图 10-103

4. 环境光

当 3D 对象后方有背景时，勾选"环境光"复选框并设置"强度"值，可以让背景颜色在 3D 对象表面产生反射，如图 10-104 所示。

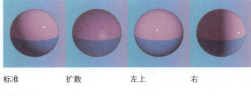

标准　　　　扩散　　　　左上　　　　右

图 10-101

"强度"为 0%　　　"强度"为 100%　　　"强度"为 200%

图 10-104

- **旋转**：使用 −180° 至 180° 的值旋转对象周围的光线焦点。

- **高度**：如果光线较低使阴影较短，可以将光线靠近对象；反之亦然。

5. 阴影

单击"暗调"选项的 ⬤ 按钮，可以为 3D 对象添加阴影，如图 10-105 所示。在该选项组中可以设置阴影位置、阴影到对象的距离，以及阴影边界的柔和度。

2. 光照强度

光的亮度在"强度"选项中设置。如果光很强，可以提高"软化度"参数，让光线扩散，以防止出现过曝而使对象表面失去细节，如图 10-102 所示。

阴影位于对象背面　　　　阴影位于对象下方

图 10-105

10.2.8 渲染 3D 对象

将 3D 效果应用于矢量图以后，单击"3D 和材质"面板中的 ▦ 按钮，接着单击右方的下拉按钮，如图 10-106 所示，可以采用光线追踪进行渲染。光线追踪是主流的 3D 渲染技术，可以追踪光线在对象上反弹的路径，以创建逼真的 3D 图形。要禁用光线追踪（切换为实时预览），可单击 ▦ 按钮。

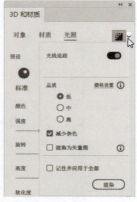

图 10-106

光线追踪选项介绍

● **品质**："中""低"品质用于调试并改进参数时渲染。参数调好后，选择"高"单选按钮并勾选"减少杂色"选项，可以得到最佳品质的渲染效果。

● **渲染为矢量图**：勾选该选项后，可以渲染出模型的矢量结构图，如图 10-107 和图 10-108 所示。执行"对象 > 扩展外观"命令，可以将结构图从模型中分离出来。

默认 3D 效果

图 10-107

矢量结构图

图 10-108

● **记住并应用于全部**：勾选此选项，可保存当前渲染设置，在渲染其他 3D 对象时使用此设置。

10.2.9 导出 3D 对象

选择 3D 对象，打开"资源导出"面板，从"格式"下拉列表中可以选择文件格式，如图 10-109 所示。如果想在其他 3D 软件中编辑此模型，可以选择 GLTF、USDA 和 OBJ 等 3D 格式。PNG、JPG 等为图像格式。选择好格式后，单击"导出"按钮，可以导出 3D 对象。

图 10-109

10.3 Photoshop 效果

Photoshop 效果与 Photoshop 中的滤镜类似，可以制作图像特效。

10.3.1 课堂案例：图章状标志

视频位置	多媒体教学 >10.3.1 图章状标志 .mp4
技术掌握	Photoshop 效果的使用方法，图章纹理的表现技巧

本例使用 Photoshop 效果将标志处理为图章效果，如图 10-110 所示。

图 10-110

01 打开图 10-111 所示的素材。按 Ctrl+A 快捷键全选，执行"效果 > 风格化 > 内发光"命令，添加黑色的发光效果，如图 10-112 和图 10-113 所示。

图 10-111

图 10-112

图 10-113

02 按 Ctrl+G 快捷键编组。执行"效果 > 像素化 > 铜版雕刻"命令，在图像中添加粗网点，如图 10-114 和图 10-115 所示。

图 10-114

图 10-115

03 执行"效果 > 素描 > 图章"命令，打开效果画廊对话框，将图稿处理为黑色，这样杂点更加清晰，如图 10-116 和图 10-117 所示。

图 10-116

图 10-117

04 执行"文件 > 置入"命令，打开"置入"对话框，选择包装素材，按 Enter 键关闭对话框。在画板上单击，置入图像。按 Shift+Ctrl+[快捷键将包装移至底层，如图 10-118 所示。

图 10-118

10.3.2 效果画廊

选择图像，执行"效果 > 效果画廊"命令，打开效果画廊对话框，如图 10-119 所示。效果画廊中包含了"风格化""画笔描边""扭曲""素描""纹理"和"艺术效果"效果组中的所有效果。图 10-120 所示为原图稿，图 10-121 所示为用"纹理"效果组中的"染色玻璃"处理后的效果。

图 10-119

图 10-120

图 10-121

● **添加效果**：单击一个效果组前面的 ▶ 按钮，可以展开效果组，如图 10-122 所示。单击其中的一个效果即可添加该效果，在对话框右侧的选项中可以调整效果参数。

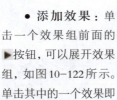

图 10-122

● **新建效果图层** ⊞：单击该按钮可以创建一个效果图层。添加效果图层后，可以选择其他效果。

● **删除效果图层** 🗑：单击一个效果图层，单击 🗑 按钮，可删除效果图层。

10.4 外观属性

添加到对象上的填色、描边、不透明度和各种效果统称为"外观属性"。其共同点是能够改变对象的外观，但不影响其基础结构，可随时修改和删除。

10.4.1 课堂案例：健康食品标签设计

视频位置	多媒体教学 >10.4.1 健康食品标签设计 .mp4
技术掌握	通过"外观"面板添加多重描边

本例制作一个食品标签，如图 10-123 所示。

图 10-123

01 新建一个 CMYK 颜色模式的文档。使用矩形工具 ▢ 创建一个矩形，如图 10-124 所示。拖曳其边角构件，将其调整为圆角矩形，如图 10-125 所示。

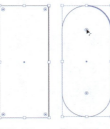

图 10-124　　图 10-125

02 设置描边粗细为 60pt，描边颜色为渐变，如图 10-126 和图 10-127 所示。

图 10-126　　　　　图 10-127

03 单击"描边"面板中的 🔲 按钮，让描边位于路径外侧，如图 10-128 和图 10-129 所示。

图 10-128　　　　　图 10-129

04 单击"外观"面板中的 🔳 按钮，复制出一个描边属性，如图 10-130 所示。单击"描边"面板中的 🔲 按钮，让描边位于路径内侧，如图 10-131 和图 10-132 所示。

图 10-130　　　　　图 10-131

图 10-132

05 单击"渐变"面板中的 🔲 按钮，反转渐变方向，文字图形会呈现浮雕效果，如图 10-133 和图 10-134 所示。

图 10-133　　　　　图 10-134

06 执行"效果 > 风格化 > 投影"命令，打开"投影"对话框并设置参数，单击颜色块，如图 10-135 所示，打开"拾色器"对话框设置投影颜色，如图 10-136 所示。投影效果如图 10-137 所示。

图 10-135

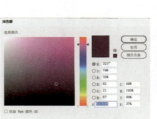

图 10-136　　　　　图 10-137

07 使用直排文字工具 ⬆T 输入文字"纯天然"，之后使用文字工具 T 输入"脂肪"二字，设置文字的颜色、字体、大小，效果如图 10-138 所示。

图 10-138

08 按住 Shift 键使用椭圆工具 ⬭ 创建一个圆形，设置描边颜色为渐变，如图 10-139 所示。

图 10-139

09 执行"效果 > 扭曲和变换 > 波纹效果"命令，对圆形进行扭曲，如图 10-140 和图 10-141 所示。

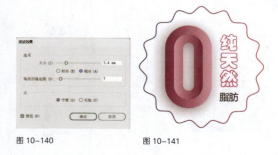

图 10-140　　　　图 10-141

10.4.2 "外观"面板

"外观"面板用来添加、管理和修改对象的填色、描边、不透明度和效果，如图 10-142 所示。

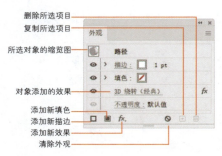

图 10-142

"外观"面板介绍

● **所选对象的缩览图**：即当前选择的对象的缩览图。其右侧的名称显示对象的类型，例如路径、文字、组、位图和图层等。

● **描边**：显示并可修改对象的描边（包括描边颜色、粗细，也可使用渐变和图案描边）。

● **填色**：显示并可修改对象的填充内容（包括颜色、渐变和图案）。

● **不透明度**：显示并可修改对象的不透明度值和混合模式。

● **眼睛图标 👁**：单击该图标，可以隐藏相应的外观属性。如果需要重新显示，在原眼睛图标处单击即可。

● **添加新描边 □ / 添加新填色 ◼**：单击这两个按钮，可以为对象添加新的描边和填色属性。

● **添加新效果 fx.**：单击该按钮，可在打开的下拉列表中选择效果。

● **清除外观 ⊘**：单击该按钮，可清除所选对象的外观，使其变为无描边、无填色状态。

● **复制所选项目 ⊞**：选择面板中的一个外观属性（不透明度除外），单击该按钮可复制出一份。

● **删除所选项目 🗑**：选择面板中的一个外观属性（不透明度除外），单击该按钮可将其删除。

10.4.3 为图层添加外观

在"图层"面板中图层的选择列上单击，在"外观"面板中设置外观属性，如添加效果或修改填色或描边，可以将此外观属性应用于图层，使图层中的对象具有此外观属性，如图 10-143 所示。

原图稿

在"图层"面板中图层的选择列上单击

图稿效果

图 10-143

在"外观"面板中添加"涂抹"效果

10.4.4 从对象上复制外观

选择一个图形，如图 10-144 所示，将"外观"面板顶部的缩览图拖曳到另一个对象上，可以将外观复制给目标对象，如图 10-145 所示。

图 10-144

图 10-145

此外，使用吸管工具 在另一图形上单击，可以将该图形的效果之外的外观属性复制给所选对象，如图 10-146 所示。

图 10-146

10.4.5 删除外观

选择对象，在"外观"面板中将一种属性拖曳到 按钮上，可删除该属性，如图 10-147 和图 10-148 所示。

图 10-147

图 10-148

如果只想保留填色和描边，可以打开"外观"面板菜单，选择"简化至基本外观"命令，如图 10-149 所示。如果要删除所有外观，让对象变为无填色、无描边状态，可以单击面板中的 按钮。

图 10-149

10.5 图形样式

Illustrator 中的图形样式与 Photoshop 中的样式类似，可以为对象添加效果，改变其外观。

10.5.1 课堂案例：牛仔布棒球帽

视频位置	多媒体教学 >10.5.1 牛仔布棒球帽 .mp4
技术掌握	加载图形样式，使用图形样式

本例使用加载的图形样式制作一个牛仔布面料的棒球帽，如图 10-150 所示。

图 10-150

01 打开素材，如图 10-151 所示。单击"图形样式"面板中的 按钮打开下拉列表，选择"其他库"命令，在打开的对话框中选择"帆布样式"素材，如图 10-152 所示，单击"打开"按钮，打开包含该图形样式的面板。

图 10-151

图 10-152

02 使用选择工具 拖曳出一个选框，将除帽檐下层图形外的其他对象选中，如图 10-153 所示。单击加载

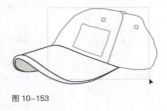

图 10-153

的样式，为图形添加该样式，在空白处单击取消选择，如图 10-154 和图 10-155 所示。

图 10-154　　　　　图 10-155

03 按住 Shift 键使用选择工具 单击图 10-156 所示的两个图形，设置描边为 2pt，以加粗缝纫线，如图 10-157 所示。

图 10-156　　　　　图 10-157

04 单击图 10-158 所示的图形，在"透明度"面板中设置"混合模式"为"滤色"，如图 10-159 和图 10-160 所示。

图 10-158

图 10-159

图 10-160

10.5.2 "图形样式"面板

"图形样式"面板保存了各种图形样式，也可以创建、重命名和应用图形样式。

"图形样式"面板介绍

● 新建图形样式 ：图 10-161 所示为使用"变换"效果制作的立体字图形，将其选中后，单击 按钮，可以将其外观保存到"图形样式"面板中，如

图 10-162 所示。

图 10-161　　　　　　　　　　图 10-162

● **默认图形样式** □：可将所选对象设置为默认的基本样式，即黑色描边、白色填色。

● **图形样式库菜单** ▥.：单击该按钮打开下拉列表，可以选择 Illustrator 中的图形样式库。

● **断开图形样式链接** ⊗：用来断开当前对象使用的样式与面板中样式的链接。断开链接后，可单独修改应用于对象的样式，而不会影响面板中的样式。

● **删除图形样式** ▥：单击面板中的图形样式后，单击该按钮可将其删除。

10.5.3 重新定义图形样式

为对象添加图形样式后，如果继续修改外观，例如，添加某种效果，之后打开"外观"面板菜单，选择"重新定义图形样式"命令，可以替换"图形样式"面板中原有的样式。

10.6 课后习题

本章介绍了 Illustrator 中用于制作特效的功能，即效果、外观和图形样式。完成下面的课后习题，有助于巩固本章所学知识。

10.6.1 问答题

1. 向对象应用效果后，怎样编辑效果或删除效果以还原对象？

2. 创建图形后，怎样添加更多的描边和填色属性？

3. 外观属性及图形样式既可以应用于所选

对象，也能添加给图层，使用这两种方法有何区别？

10.6.2 操作题：为电商产品加阴影

视频位置	多媒体教学 >10.6.2 为电商产品加阴影 .mp4
技术掌握	置入文件，用铅笔工具绘图，添加效果

电商广告中的商品一般使用的是抠图素材，需要加上阴影才能与新环境更好地融合在一起，如图 10-163 所示。

图 10-163

01 创建一个矩形，填充渐变，如图 10-164 所示。执行"文件 > 置入"命令，将手机素材置入当前文档中，如图 10-165 所示。在定界框外拖曳鼠标，旋转对象，如图 10-166 所示。

图 10-164　　　　图 10-165　　　　图 10-166

02 使用铅笔工具 ✎ 绘制阴影图形，按 Ctrl+[快捷键后移一层，如图 10-167 所示。填充渐变，如图 10-168 所示。

图 10-167　　　　　　图 10-168

03 设置混合模式为"正片叠底",如图 10-169 和图 10-170 所示。

图 10-169　　　　　图 10-170

04 执行"效果 > 模糊 > 高斯模糊"命令,模糊图形边缘,如图 10-171 和图 10-172 所示。

图 10-171　　　　　图 10-172

10.6.3 操作题:宠物医院 Banner 设计

视频位置	多媒体教学 >10.6.3 宠物医院 Banner 设计 .mp4
技术掌握	效果,混合模式

本习题制作宠物医院 Banner,如图 10-173 所示。为体现趣味性和亲和力,应使用外形较为活泼的字体。

图 10-173

01 打开素材。选择文字工具 T,在画板上单击并输入文字,在控制栏设置字体、大小,如图 10-174 所示。

图 10-174

02 执行"效果 > 风格化 > 内发光"命令,如

图 10-175 和图 10-176 所示。

图 10-175

图 10-176

03 执行"效果 > 风格化 > 投影"命令,添加投影,如图 10-177 和图 10-178 所示。

图 10-177

图 10-178

04 将文字的混合模式设置为"正片叠底",如图 10-179 和图 10-180 所示。

图 10-179

图 10-180

第 11 章

画笔、符号与图表

本章导读

本章介绍 Illustrator 中的画笔、符号和图表。画笔工具和"画笔"面板是 Illustrator 中实现绘画效果的主要工具。符号能让设计工作变得简单、高效。图表在各个行业都有应用。

本章学习要点

1. 书法风格网站 Banner

2. 创建画笔

3. 修改画笔

4. 创建符号组

5. 编辑符号实例

6. 球员身高统计图表

11.1 画笔

使用画笔工具可以绘制插图、涂鸦、模拟手绘效果。通过"画笔"面板为路径添加画笔描边，则能创建自然的毛笔、钢笔和油画笔等笔触。

11.1.1 课堂案例：书法风格网站 Banner

视频位置	多媒体教学 >11.1.1 书法风格网站 Banner.mp4
技术掌握	用画笔工具绘制笔画，为路径添加书法效果描边

本例制作书法风格的网站 Banner，如图 11-1 所示。书法具有独特的艺术美感，可以为作品增加艺术性和精致感。

图 11-1

01 打开素材，如图 11-2 所示。在"图层"面板中，在"图层 1"左侧单击，将图层锁定，如图 11-3 所示；单击 按钮新建一个图层。

图 11-2

图 11-3

02 执行"窗口 > 画笔库 > 艺术效果 > 艺术效果_画笔"命令，打开"艺术效果_画笔"面板。单击"画笔 1"，如图 11-4 所示。使用画笔工具 书写"秋"字的一撇，设置描边颜色为白色，粗细为2pt，如图 11-5 所示。

图 11-4

图 11-5

03 按住 Ctrl 键并在空白处单击，取消选择。单击"画笔 3"，如图 11-6 所示，书写短横，笔势略向上挑。设置描边粗细为1pt，如图 11-7 所示。继续书写，将"禾"字完成，如图 11-8 所示。

图 11-6

图 11-7

图 11-8

04 单击"画笔 2"，如图 11-9 所示。将"火"字旁的两点连起来书写，如图 11-10 所示。单击"画笔 1"，写撇和捺，如图 11-11 所示。

图 11-9

图 11-10

图 11-11

05 采用同样的方法将"季""上""新"几个字写出来,如图 11-12 所示。

图 11-12

06 按 Ctrl+A 快捷键将文字全选,执行"效果 > 风格化 > 投影"命令,添加投影,如图 11-13 和图 11-14 所示。

图 11-13

图 11-14

11.1.2 "画笔"面板

画笔描边可应用于由任何绘图工具(如钢笔工具 ✏️、铅笔工具 ✏️ 或基本的形状工具)所绘制的路径。可在"画笔"面板中进行设置。

1. 添加画笔描边

选择对象,如图 11-15 所示,单击"画笔"面板中的一个画笔,可为其添加画笔描边,如图 11-16 和图 11-17 所示。

图 11-15

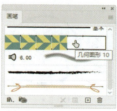

图 11-16

图 11-17

"画笔"面板介绍

● **画笔库菜单** ▨▾:单击该按钮打开下拉菜单,可以选择 Illustrator 中预设的画笔库。

● **库面板** 🖼:单击该按钮可以打开"库"面板。

● **移去画笔描边** ✕:选择对象,如图 11-18 所示,单击 ✕ 按钮,可移除其画笔描边,如图 11-19 所示。

图 11-18

图 11-19

● **所选对象的选项** ▤:选择添加了画笔描边

的对象，单击该按钮，可以打开相应的画笔选项对话框，在对话框中可以修改画笔参数。

- **新建画笔**：单击该按钮，可以打开"新建画笔"对话框。

- **删除画笔**：单击一个画笔，单击该按钮，可以将其删除。

2. 画笔的种类

Illustrator 中有 5 种画笔，即书法画笔、散点画笔、毛刷画笔、图案画笔和艺术画笔，如图 11-20 所示。

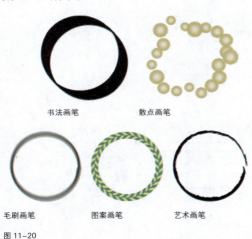

图 11-20

书法画笔可以模拟书法钢笔，绘制出扁平且带有一定倾斜角度的描边；散点画笔可以将一个对象（如一只瓢虫或一片树叶）沿着路径分布；毛刷画笔可以模拟鬃毛类画笔，创建具有自然笔触的描边；图案画笔可以沿路径重复拼贴图案，并在路径不同位置（起点、拐角、终点）应用不同的图案；艺术画笔可以沿路径的长度均匀地拉伸画笔形状，能惟妙惟肖地模拟水彩、毛笔、粉笔、炭笔、铅笔等的绘画效果。

11.1.3 创建画笔

Illustrator 提供了丰富的画笔资源，但并不一定能满足所有人的个性化要求。如果需要一

些特殊的画笔，可以使用图稿来创建。

需要创建画笔时，首先单击"画笔"面板中的 按钮，打开"新建画笔"对话框，选择画笔类型，如图 11-21 所示，单击"确定"按钮，打开相应的画笔选项对话框，如图 11-22 所示。设置选项后，单击"确定"按钮，即可创建画笔并保存到"画笔"面板中。

图 11-21

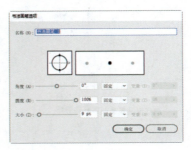

图 11-22

画笔类型与创建要求

- **书法画笔**：书法画笔可以直接创建。

- **散点画笔**：将准备好的图稿选中，单击"画笔"面板中的 按钮进行创建，效果如图 11-23 所示。

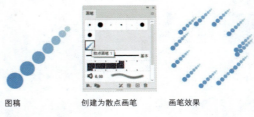

图稿　　　　创建为散点画笔　　　　画笔效果

图 11-23

> 💡 **小提示**
>
> 用于创建画笔的图稿中不能包含渐变、混合、其他画笔描边、网格、图像、图表、置入的文件和蒙版。

- **毛刷画笔**：毛刷画笔是由一些重叠的、填充的透明路径组成的，这些路径就像 Illustrator 中的其他已填色路径一样，也会与其他对象（包括其

他毛刷所绘的路径）中的颜色进行混合。

● **图案画笔**：将准备好的图稿选中，单击"画笔"面板中的 ⊞ 按钮进行创建，效果如图 11-24 所示。

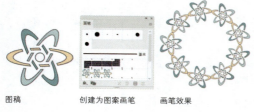

图稿　　　　　创建为图案画笔　　　　画笔效果

图 11-24

● **艺术画笔**：将准备好的图稿选中，单击"画笔"面板中的 ⊞ 按钮进行创建，效果如图 11-25 所示。

图稿　　　　　创建为艺术画笔　　　　画笔效果

图 11-25

11.1.4 修改画笔

双击一个画笔，如图 11-26 所示，打开相应的对话框调整参数后，单击"确定"按钮，弹出提示，如图 11-27 所示。单击"应用于描边"按钮，表示确认修改，同时，使用该画笔进行描边的对象会同步更新；单击"保留描边"按钮，表示只改变参数，不影响已添加到对象上的画笔描边。

图 11-26　　　　图 11-27

11.1.5 画笔工具

画笔工具 ✐ 可以绘制路径，同时为路径添加画笔描边。

1. 绘制路径

选择画笔工具 ✐，在"画笔"面板中选择一种画笔，如图 11-28 所示，拖曳鼠标可绘制路径，如图 11-29 所示。如果要绘制闭合的路径，可在绘制的过程中按住 Alt 键（鼠标指针会变为 ✐ 状），再释放鼠标左键。

图 11-28　　　　　　　　图 11-29

2. 修改路径

使用画笔工具 ✐ 绘制路径后，保持路径的选中状态（双击画笔工具 ✐，在弹出的"画笔工具选项"对话框中，确保勾选"保持选定"和"编辑所选路径"选项），将鼠标指针移动到路径的端点上，如图 11-30 所示，拖曳鼠标可以延长路径，如图 11-31 所示；在路径段上拖曳，可以修改路径形状，如图 11-32 和图 11-33 所示。

图 11-30　　　　　　　　图 11-31

图 11-32　　　　　　　　图 11-33

11.2 符号

符号在平面设计和 Web 设计中比较有用，通过它可以快速地、大量地生成相同的对象，如纹样、地图标记、技术图纸符号等，使绘图工作变得轻松、高效。

11.2.1 课堂案例：立体剪纸效果贺卡

视频位置	多媒体教学 >11.2.1 立体剪纸效果贺卡 .mp4
技术掌握	定义符号，创建符号，修改符号实例的大小和位置

本例利用符号生成云朵和梅花，制作一张年味十足的传统风格贺卡，如图 11-34 所示。

图 11-34

01 打开素材，如图 11-35 所示。按 Ctrl+A 快捷键全选，执行"效果 > 风格化 > 投影"命令，制作成立体插画，如图 11-36 和图 11-37 所示。

图 11-35

图 11-36　　　　　　图 11-37

02 使用选择工具 ▶ 单击云朵图形，如图 11-38 所示，单击"符号"面板中的 ⊞ 按钮，将其定义为符号并保存在该面板中，如图 11-39 所示。

图 11-38　　　　　　图 11-39

03 选择符号喷枪工具 ，在画板上单击，创建符号实例，如图 11-40 和图 11-41 所示。

图 11-40

图 11-41

04 选择符号移位器工具 ，在符号上拖曳鼠标，调整符号位置，如图 11-42 所示。

图 11-42

05 选择符号缩放器工具，按住 Alt 键在图 11-43 所示的两个符号上单击，将符号调小。释放 Alt 键，在另一个符号上单击，将其放大，如图 11-44 所示。

图 11-43

图 11-44

06 使用选择工具 ▶ 单击梅花图形，如图 11-45 所示，单击"符号"面板中的 按钮，将其定义为符号，如图 11-46 所示。

图 11-45　　　　　　图 11-46

07 使用符号喷枪工具创建梅花图形，如图 11-47 所示。

图 11-47

08 用符号移位器工具调整梅花位置，用符号缩放器工具调整梅花大小，如图 11-48 所示。

图 11-48

11.2.2　符号概览

Illustrator 中的符号在创建后可以大量复制并能自动更新。例如，将一条鱼创建为符号，如图 11-49 和图 11-50 所示，之后使用符号类工具简单操作几下，便能创建一群鱼，如图 11-51 所示。这要比通过复制鱼的方法操作容易得多，而且修改起来也更加方便。

图 11-49　　　　　　图 11-50

图 11-51

这些用符号创建的对象称为符号实例。每一个符号实例都与"符号"面板或符号库中的符号建立了链接。当符号被修改时，所有与之链接的符号实例都会自动更新，如图 11-52 和图 11-53 所示。

图 11-52　　　　　　　图 11-53

11.2.3　"符号"面板

打开一个文件时，它所使用的符号和 Illustrator 中默认的符号会被加载到"符号"面板中，如图 11-54 所示。通过该面板可以创建、编辑和管理符号。

图 11-54

"符号"面板介绍

● **符号库菜单** ⓘ：单击该按钮打开下拉菜单，可以选择 Illustrator 中预设的符号库。

● **置入符号实例** ⤵：选择面板中的一个符号，单击该按钮，可在画板中创建该符号的一个实例。

● **断开符号链接** ✕：选择画板中的符号实例，单击该按钮，即可断开它与"符号"面板中符号的链接，该符号实例就变为可单独编辑的对象。

● **符号选项** ▣：单击该按钮，可以打开"符号选项"对话框设置符号的名称、类型等。

● **新建符号** ⊞：选择画板中的一个对象，单击该按钮，可将其定义为符号。

● **删除符号** 🗑：选择面板中的符号，单击该按钮可将其删除。如果要删除文档中所有未使用的符号，可以打开"符号"面板菜单，选择"选择所有未使用的符号"命令，将这些符号选中，之后单击 🗑 按钮。

11.2.4　创建符号

使用选择工具 ▶ 将对象拖曳到"符号"面板中，可直接将其创建为符号，如图 11-55 和图 11-56 所示。如果想修改某个符号的名称，可以在"符号"面板中单击它，之后单击面板中的 ▣ 按钮，打开"符号选项"对话框进行设置。如果想在创建时就将名称设置好，可以单击"符号"面板中的 ⊞ 按钮，打开"符号选项"对话框输入名称并创建符号，如图 11-57 所示。

图 11-55　　　　　　　图 11-56

图 11-57

"符号选项"对话框介绍

● **名称**：可以为符号设置名称。

● **导出类型**：包含"影片剪辑"和"图形"两个选项。影片剪辑在 Flash 和 Illustrator 中是默认的符号类型。

● **符号类型**：可以选择创建动态符号或静态

符号。默认设置为动态符号。在"符号"面板中，动态符号图标的右下角会显示一个小"+"。

● **套版色**：可以指定符号锚点的位置。锚点位置将影响符号在屏幕中的位置。

● **启用9格切片缩放的参考线**：如果要在 Flash 中使用 9 格切片缩放，可以勾选该选项。

> 💡 **小提示**
>
> 路径、复合路径、文本对象、图像、网格对象和对象组等都能创建为符号。链接的图稿和一些组（如图表）则不能用于创建符号。

11.2.5 创建符号组

符号喷枪工具🔧用于创建符号。

1. 创建符号实例

选择符号喷枪工具🔧，在画板上单击，可以创建一个符号实例，如图 11-58 所示；按住鼠标左键不放，符号实例会以鼠标指针所在处为中心向外扩散（成为一个符号组），如图 11-59 所示；按住鼠标左键拖曳，符号实例会沿着鼠标指针的移动轨迹分布。

图 11-58　　　　　　　　图 11-59

2. 添加其他符号

使用选择工具▶单击符号组，如图 11-60 所示，在"符号"面板中选择另外一种符号，如图 11-61 所示，使用符号喷枪工具🔧在画板上创建符号，可向组中添加新的符号，如图 11-62 所示。

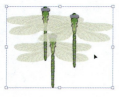

图 11-60

图 11-61

图 11-62

> 💡 **小提示**
>
> 使用符号类工具时，按] 键，可增大工具的直径；按 [键，可减小工具的直径；按 Shift+] 键，可增大符号的创建强度；按 Shift+[键，则减小强度。

11.2.6 编辑符号实例

编辑符号实例前，首先使用选择工具▶单击符号组将其选中，然后在"符号"面板中单击符号实例所对应的符号，之后便可在画板上修改符号实例。当符号组中包含用多种符号创建的符号实例时，如果想同时编辑它们，需先在"符号"面板中按住 Ctrl 键并单击所对应的符号，将其一同选中，再进行修改。

1. 移动符号

使用符号移位器工具🔧在符号上拖曳，可以移动符号；按住 Shift 键单击一个符号，可将其调整到其他符号上层，如图 11-63 和图 11-64 所示；按住 Alt+Shift 键单击一个符号，可将其调整到其他符号下层。

图 11-63

图 11-64

2. 调整符号大小

使用符号缩放器工具🔧在符号上单击可以放大符号，如图 11-65 所示。拖曳鼠标，可以放大鼠标指针移动轨迹上的所有符号。如果要缩小符号，可按住 Alt 键操作，如图 11-66 所示。

图 11-65　　　　　　　图 11-66

3. 调整符号密度

使用符号紧缩器工具 在符号上单击或拖曳鼠标，可以让符号聚拢起来，如图 11-67 所示。按住 Alt 键操作，可以使符号扩散开，如图 11-68 所示。

图 11-67　　　　　　　图 11-68

4. 旋转符号

使用符号旋转器工具 在符号上单击或拖曳鼠标，可以旋转符号，如图 11-69 所示。

图 11-69

5. 修改符号的颜色

在"色板"面板或"颜色"面板中选择一种颜色，如图 11-70 所示，使用符号着色器工具 在符号上单击，可为其上色，如图 11-71 所示。按住 Alt 键操作，可以还原颜色。

图 11-70　　　　　　　图 11-71

6. 改变符号的透明度

使用符号滤色器工具 在符号上拖曳鼠标，可以使其呈现透明效果，如图 11-72 所示。需要还原透明度时，按住 Alt 键操作即可。

图 11-72

7. 为符号添加图形样式

使用符号样式器工具 单击"符号"面板中的符号，在"图形样式"面板中选择样式，之后在符号上单击或拖曳鼠标，可为其添加图形样式。如果要减少样式的应用量或清除样式，可以按住 Alt 键操作。

8. 删除符号实例

选择符号喷枪工具 ，按住 Alt 键单击画板上的符号实例，可将其删除。按住 Alt 键拖曳鼠标，可删除鼠标指针移动轨迹上的所有符号。

11.2.7　替换符号

选择符号组，如图 11-73 所示，在"符号"面板中选择另外的符号，打开面板菜单，执行"替换符号"命令，可以对所选符号进行替换，如图 11-74 和图 11-75 所示。

图 11-73

图 11-74

图 11-75

11.2.8 重新定义符号

将符号从"符号"面板中拖曳到画板上，如图 11-76 所示；单击 按钮，断开符号实例与符号的链接；对符号实例进行编辑和修改，如图 11-77 所示；打开"符号"面板菜单，执行"重新定义符号"命令，将其重新定义为符号，文档中所有使用该样本创建的符号实例将更新，其他符号实例则保持原样，如图 11-78 所示。

图 11-76

图 11-77　　图 11-78

11.3 图表

图表能直观地反映统计数据的比较结果，在各个行业都有着广泛的应用。在 Illustrator 中可以制作 9 种图表。由于可以修改图表格式、替换图例、添加效果，因此图表也能丰富多彩。

11.3.1 课堂案例：球员身高统计图表

视频位置	多媒体教学 >11.3.1 球员身高统计图表 .mp4
技术掌握	创建图表，定义设计图案并替换图表中的图形

下面先制作一个图表，然后将图稿定义为设计图案，再通过"柱形图"命令替换图表中的图形。

01 选择柱形图工具 ，拖曳出矩形框，确定图表范围，如图 11-79 所示。如果想创建正方形图表，可以按住 Shift 键操作。释放鼠标左键后，打开"图表数据"窗口输入数据，如图 11-80所示。单击 按钮创建图表，如图 11-81 所示。

图 11-79

图 11-80

图 11-81

02 打开小球员素材，使用选择工具 拖曳到当前文档中。单击小球员，如图 11-82 所示。

图 11-82

03 执行"对象 > 图表 > 设计"命令，打开"图表设计"对话框，单击"新建设计"按钮，将所选对象定义为设计图案，如图 11-83 所示。

图 11-83

04 单击图表对象，如图 11-84 所示。执行"对象 > 图表 > 柱形图"命令，打开"图表列"对话框，单击新创建的图案，在"列类型"下拉列表中选择"垂直缩放"选项，取消勾选"旋转图例设计"选项，如图 11-85 所示，单击"确定"按钮，用小球员替换图例，如图 11-86 所示。

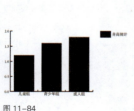

图 11-84　　　　　　图 11-85

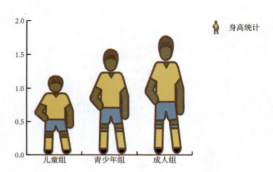

图 11-86

05 选择编组选择工具 ▶，按住 Shift 键单击各个文字，将其选中，在控制栏中设置字体为黑体，如图 11-87 所示。

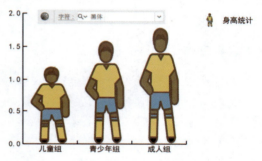

图 11-87

06 使用矩形工具 □ 创建几个矩形，填充线性渐变，按 Shift+Ctrl+[快捷键移至底层，放在小球员身后，如图 11-88 所示。

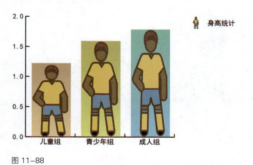

图 11-88

11.3.2 图表的种类

Illustrator 中有 9 个图表工具，如图 11-89 所示，可以制作 9 种较为常用的图表。

图 11-89

● **柱形图**：利用柱形的高度反映数据差异，可以非常直观地显示一段时间内的数据变化或各项之间的比较情况，如图 11-90 所示。

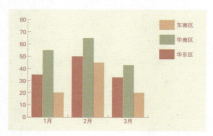

图 11-90

● **堆积柱形图**：将数据堆积在一起，不只体现某类数据，还能反映它在总量中所占的比例，如图 11-91 所示。

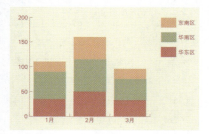

图 11-91

● **条形图**：与柱形图类似，也能很好地展现项目之间的对比情况，如图 11-92 所示。

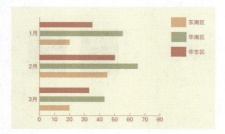

图 11-92

● **堆积条形图**：与堆积柱形图类似，但是条形图是水平堆积而不是垂直堆积，如图 11-93 所示。

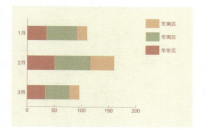

图 11-93

● **折线图**：以点显示统计数据，再用折线连接，如图 11-94 所示，适合展示一段时间内一个或多个主题项目的变化趋势，对于确定项目的进程很有用处。

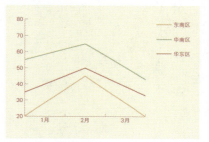

图 11-94

● **面积图**：与折线图类似，但会对形成的区域进行填充，如图 11-95 所示。这种图表适合强调数值的整体和变化情况。

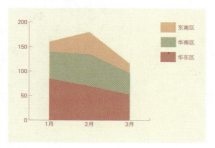

图 11-95

● **散点图**：沿坐标轴将数据点作为成对的坐标组进行绘制，如图 11-96 所示。此类图表适合识别数据中的图案或趋势，表示变量是否相互影响。

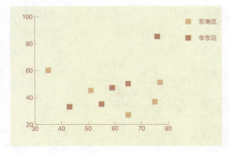

图 11-96

● **饼图**：把数据的总和作为一个圆形，各组统计数据依据其所占的比例将圆形划分，如图 11-97 所示。适合显示分项大小及在总和中所占的比例。

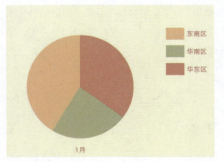

图 11-97

● **雷达图**：也称网状图，能在某一特定时间点或特定类别上比较数值组，如图 11-98 所示。主要用于专业性较强的自然科学统计。

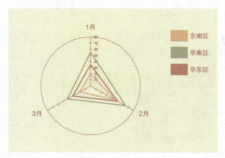

图 11-98

11.3.3 "图表数据"窗口

创建图表时会打开"图表数据"窗口，如图 11-99 所示。

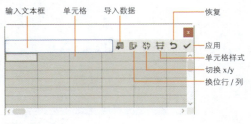

图 11-99

● **输入文本框**：可以为数据组添加标签并在图例中显示。操作方法是：单击一个单元格，之后便可输入数据，如图 11-100 和图 11-101 所示。按 ↑、↓、←、→键可切换单元格，按 Tab 键可以输入数据并选中同一行中的下一单元格，按 Enter 键可以输入数据并选中同一列中的下一单元格。如果希望 Illustrator 为图表生成图例，应保持左上角单元格为空白。

图 11-100   图 11-101

● **单元格左列**：单元格的左列用于输入类别标签。类别通常为时间单位，如日、月、年。这些标签沿图表的水平轴或垂直轴显示。只有雷达图图表例外，它的每个标签都产生单独的轴。如果要创建只包含数字的标签，应使用半角双引号将数字引起来。例如，要将年份 1996 作为标签使用，应输入 "1996"，如图 11-102 所示。如果输入全角引号（""），则引号也显示在年份中，如图 11-103 所示。

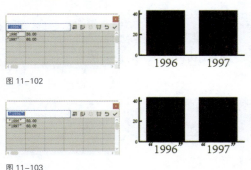

图 11-102

图 11-103

● **导入数据**：如果用其他软件创建图表数据，单击该按钮，可导入 Illustrator 图表中。

- **换位行/列** ：可以转换行与列中的数据。

- **切换x/y** ：创建散点图时，单击该按钮，可以对调X轴和Y轴的位置。

- **单元格样式** ：单击该按钮，可以打开"单元格样式"对话框，其中"小数位数"选项用来定义数据中小数点后面的位数，默认值是 2 位，此时在单元格中输入数字4时，在"图表数据"对话框中显示为 4.00；在单元格中输入数字"1.55823"，则显示为 1.56。如果要增加小数位数，可以增大该选项中的数值。"列宽度"选项用来调整"图表数据"窗口中每一列数据的宽度。调整列宽不会影响图表中列的宽度，只是用来在列中查看更多或更少的数字。

- **恢复** ：单击该按钮，可以将修改的数据恢复到初始状态。

- **应用** ：输入数据后，单击该按钮可创建图表。

11.3.4 修改数据

使用选择工具 ▶ 单击图表，如图 11-104 所示，执行"对象 > 图表 > 数据"命令，可打开"图表数据"窗口修改数据，如图 11-105 所示，按 Enter 键关闭窗口，可更新数据，如图 11-106 所示。

图 11-104

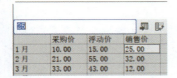

图 11-105

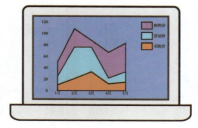

图 11-106

> 💡 **小提示**
>
> 由于图表是与其数据相关的对象组，因此不能取消编组，否则数据无法修改。

11.3.5 修改图表格式

创建图表后，可以通过修改图表格式，给图表添加图例、阴影、刻度线，以及针对不同类型的图表作出相应的调整，以便更好地展示数据。

1. 图表常规选项

选择图表后，执行"对象 > 图表 > 类型"命令，打开"图表类型"对话框，可以设置所有类型图表的常规选项，如图 11-107 所示。

图 11-107

- **数值轴** ：除饼图外，所有图表都有显示测量单位的数值轴。该选项可以设置数值轴的位置。图 11-108 所示为数值轴在右侧的图表。

- **添加投影** ：在柱形、条形、线段或整个饼图后方添加投影，如图 11-109 所示。

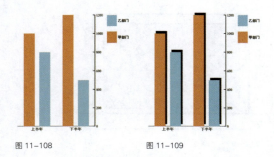

图 11-108   图 11-109

- **在顶部添加图例**：将图例放置于顶部。

- **第一行在前**：当"簇宽度"大于 100% 时，可以控制图表中数据的类别或群集重叠的方式，效果如图 11-110 所示。使用柱形图或条形图时，该选项最有帮助。

- **第一列在前**：在顶部的"图表数据"窗口中放置与数据第一列相对应的柱形、条形或线段。该选项还确定"列宽"大于 100% 时，柱形图和堆积柱形图中哪一列位于顶部，以及"条形宽度"大于 100% 时，条形图和堆积条形图中哪一列位于顶部。效果如图 11-111 所示。

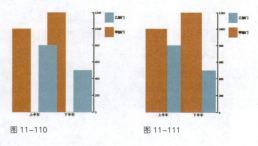

图 11-110   图 11-111

2. 柱形图 / 堆积柱形图选项

单击"类型"选项中的各图表按钮，可以显示除面积图外的其他图表的附加选项。其中，柱形图和堆积柱形图可设置图 11-112 所示的选项。

图 11-112

- **列宽**：用来设置图表中柱形之间的空间。该值为 100% 时，会让柱形或群集相互对齐。大于 100% 时柱形会相互堆叠，如图 11-113 所示（150%）。

- **簇宽度**：可以调整图表数据群集之间的空间，如图 11-114 所示（30%）。

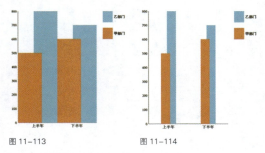

图 11-113   图 11-114

3. 条形图 / 堆积条形图选项

条形图和堆积条形图可以设置图 11-115 所示的选项，它与柱形图选项的用途相同。

图 11-115

4. 折线图 / 雷达图 / 散点图选项

折线图、雷达图和散点图包含图 11-116 所示的选项。

图 11-116

- **标记数据点**：在每个数据点上添加正方形标记。

- **连接数据点**：使用线段连接数据点，如图 11-117 所示。图 11-118 所示是未勾选该选项时的图表。

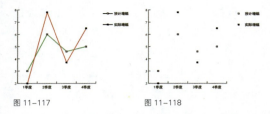

图 11-117　　　　　　　图 11-118

● **线段边到边跨 X 轴**：沿水平（X）轴从左到右绘制跨越图表的线段。散点图没有该选项。

● **绘制填充线**：勾选该选项并在"线宽"选项中输入数值，可以创建更宽的线段。

5. 饼图选项

饼图可以设置图 11-119 所示的选项。

图 11-119

● **图例**：用来设置图表中图例的位置。选择"无图例"选项，不会添加图例；选择"标准图例"选项，在图表外侧放置列标签，如图 11-120 所示；选择"楔形图例"选项，则将标签插入对应的楔形中，如图 11-121 所示。

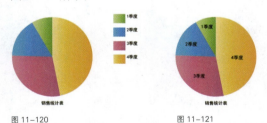

图 11-120　　　　　　　图 11-121

● **排序**：设置饼图的排列顺序。选择"全部"选项，饼图按照从大到小的顺序顺时针排列；选择"第一个"选项，最大饼图位于顺时针方向的第一个位置，其他饼图按照输入的顺序顺时针排列；选择"无"选项，按照输入的顺序顺时针排列饼图。

● **位置**：设置如何显示多个饼图。选择"比例"选项，按照比例调整饼图大小；选择"相等"选项，所有饼图直径相同；选择"堆积"选项，饼图互相堆积，每个图表按照相互间的比例调整大小。

11.3.6　设置数值轴

除饼图外，其他图表都有显示图表测量单位的数值轴。图 11-122 所示为数值轴可设置的选项。

图 11-122

● **"刻度值"选项组**：用来设置数值轴刻度线的位置。勾选"忽略计算出的值"选项，可输入刻度线的位置、最小值、最大值和标签之间的刻度数量。不勾选该选项，Illustrator 会依据"图表数据"窗口中的数值自动计算坐标轴的刻度。

● **"刻度线"选项组**：可以确定刻度线的长度和每个刻度之间刻度线的数量。

● **"添加标签"选项组**：可以为数值轴上的数字添加前缀和后缀，如美元符号或百分号。

11.3.7　设置类别轴

条形图、堆积条形图、柱形图、堆积柱形图、折线图和面积图有在图表中定义数据类别的类别轴。图 11-123 所示为类别轴可设置的选项。

图 11-123

● **长度**：设置类别轴刻度线的长度。

● **绘制**：可以设置类别轴上两个刻度之间分成几部分。

● **在标签之间绘制刻度线**：在标签或列的任

意一侧绘制刻度线。未勾选该选项时，标签或列上的刻度线位于居中位置。

11.3.8 替换图例

创建图表后，可以使用图形、徽标、符号及包含图案和参考线的复杂对象替换图表中的图例，进而得到符合特定行业需要的、更有趣的图表。

选中图表，单击鼠标右键，在弹出的快捷菜单中选择"列"命令，可打开"图表列"对话框，进行图例替换。

"图表列"对话框介绍

当设计图案与图表的比例不匹配时，可以在"图表列"对话框的"列类型"选项下拉列表中设置图案的缩放方式，如图 11-124 所示。

图 11-124

选择"垂直缩放"选项，可根据数据的大小在垂直方向伸展或压缩图案，图案的宽度保持不变，如图 11-125 所示；选择"一致缩放"选项，则根据数据的大小对图案进行等比缩放，如图 11-126 所示；选择"局部缩放"选项，可以对局部图案进行缩放。

图 11-125

图 11-126

选择"重复堆叠"选项后，下方的选项将被激活。在"每个设计表示"选项中可以输入每个图案代表几个单位。例如，输入"50"，表示每个图案代表 50 个单位，Illustrator 会以该单位为基准自动计算使用的图案数量。

单位设置好以后，还要在"对于分数"选项中设置不是完整图案数时如何显示。选择"截断设计"选项，图案将被截断，如图 11-127 所示；选择"缩放设计"选项，则压缩图案，以确保其完整，如图 11-128 所示。

图 11-127

图 11-128

> 💡 **小提示**
>
> 勾选"旋转图例设计"选项，可以将图案旋转90°。

11.4 课后习题

设计工作复杂且专业性较强，本章内容可以在拓展设计技能方面为用户提供帮助。完成下面的课后习题，有助于巩固本章所学知识。

11.4.1 问答题

1. 使用画笔工具将画笔描边应用于路径上与将画笔描边应用到其他绘图工具所绘路径上有哪些区别？

2. 从效果上看，图案画笔与散点画笔有何区别？

3. 请列举符号的 3 个优点。

11.4.2 操作题：繁星满天

视频位置	多媒体教学 >11.4.2 繁星满天 .mp4
技术掌握	创建星形画笔并描边路径，通过修改画笔调整星星大小、密度

本习题将图形定义为画笔，绘制满天繁星，如图 11-129 所示。

图 11-129

01 选择星形工具 ☆，在画板外单击，打开"星形"对话框，参数设置如图 11-130 所示，创建星形并填充白色，设置"不透明度"为 80%，如图 11-131 和图 11-132 所示。

图 11-130　　图 11-131　　　　图 11-132

02 单击"画笔"面板中的 ⊞ 按钮，打开"新建画笔"对话框，选择"散点画笔"选项，如图 11-133 所示，单击"确定"按钮，打开"散点画笔选项"对话框，参数设置如图 11-134 所示。将星形定义为画笔。

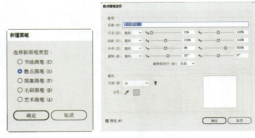

图 11-133　　　　图 11-134

03 选择画笔工具 ✎，设置描边颜色为白色，粗细为 1 pt，绘制 2 段曲折的路径，如图 11-135 所示。

图 11-135

04 目前的星星有点大，也过于密集，需要重新调整一下。双击新创建的画笔，如图 11-136 所示，打开"散点画笔选项"对话框，勾选"预览"选项，边修改参数边观察效果，如图 11-137 和图 11-138 所示。

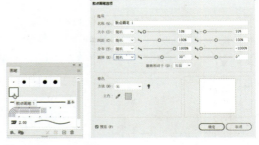

图 11-136　　　　图 11-137

图 11-138

05 按住 Alt 键使用选择工具 ▶ 拖曳路径，复制出多份，增加星星数量，效果如图 11-139 所示。

图 11-139

11.4.3 操作题：双轴图图表

视频位置	多媒体教学 >11.4.3 双轴图图表 .mp4
技术掌握	创建柱形图，将其中的一组数据设置为折线图

　　双轴图可以更加直观地体现数据的走势，因而应用的场合比较多。最常见的双轴图是柱形图 + 折线图的组合，如图 11-140 所示。Illustrator 中并不局限于此组合，除散点图外，可以对其他任何类型的图表进行组合。

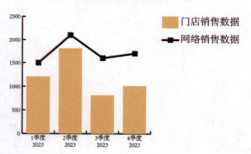

图 11-140

　　01 选择柱形图工具 ，拖曳出矩形框，打开窗口后输入数据，如图 11-141 所示。在标签中创建换行符（输入"1 季度 | 2023"）时，"|"符号用 Shift+\ 键输入。单击 按钮创建图表，如图 11-142 所示。

图 11-141

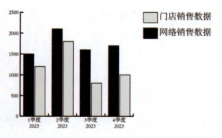

图 11-142

　　02 选择编组选择工具 ，将鼠标指针移动到黑色数据组上，单击 3 下，选中所有黑色数据组，如图 11-143 所示。执行"对象 > 图表 > 类型"命令，打开"图表类型"对话框，单击折线图按钮 ，如图 11-144 所示，单击"确定"按钮，将所选数据组改为折线图。

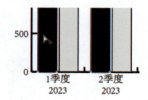

图 11-143

图 11-144

　　03 在浅灰色数据组上单击 3 次，选中数据组，修改填充颜色，无描边，如图 11-145 所示。

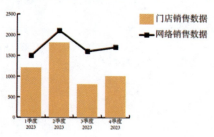

图 11-145

第 12 章

综合实例

本章导读

本章是综合实例，用到的工具多，技术也较为全面。通过练习，可以掌握更多的技巧和效果实现方法，增强协调和整合 Illustrator 各种功能的能力，获得全面的技术提升。

本章学习要点

1. 雄鹿标志设计

2. 宠物用品 Logo

3. 网点纸动漫美少女

4. 简约插画

5. 坚果包装及效果图

12.1 雄鹿标志设计

视频位置	多媒体教学 >12.1 雄鹿标志设计 .mp4
技术掌握	混合，用形状生成器工具修改图形

本例制作一个标志，如图 12-1 所示。

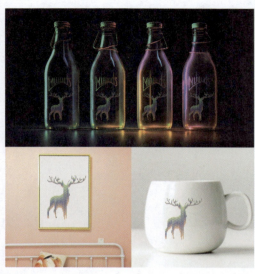

图 12-1

01 打开本例的素材。选择直线段工具 ⁄，按住 Shift 键拖曳鼠标，创建一条竖线，如图 12-2 和图 12-3 所示。

图 12-2

图 12-3

02 按住 Alt+Shift 键使用选择工具 ▶ 拖曳竖线，复制出一份，如图 12-4 所示。

03 将这两条竖线选中，如图 12-5 所示，按 Alt+Ctrl+B 快捷键创建混合，如图 12-6 所示。

图 12-4

图 12-5

图 12-6

04 双击混合工具 ◕，打开"混合选项"对话框，参数设置如图 12-7 所示，效果如图 12-8 所示。

图 12-7

图 12-8

05 执行"对象 > 扩展"命令，将由混合生成的竖线全部扩展为矢量图形，如图 12-9 和图 12-10 所示。

图 12-9

图 12-10

06 按 Ctrl+[快捷键将所有竖线图形移至雄鹿后方，如图 12-11 所示。

图 12-11

07 按 Ctrl+A 快捷键全选，选择形状生成器工具 🖑，按住 Alt 键在雄鹿图形之外的竖线上拖曳鼠标，将其删除，如图 12-12~图 12-15 所示。

图 12-12

图 12-13

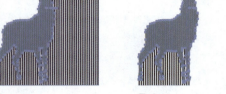

图 12-14

图 12-15

08 使用选择工具 ▶ 单击雄鹿图形，如图 12-16 所示，按 Delete 键删除，如图 12-17 所示。

图 12-16

图 12-17

09 执行"窗口 > 色板库 > 渐变 > 色彩调和"命令，打开"色彩调和"面板，使用图 12-18 所示的渐变为图形描边，如图 12-19 所示。

图 12-18

图 12-19

10 在"渐变"面板中将渐变的角度设置为 -90°，如图 12-20 和图 12-21 所示。

图 12-20

图 12-21

12.2 宠物用品 Logo

视频位置	多媒体教学 >12.2 宠物用品 Logo.mp4
技术掌握	使用 Photoshop 编辑图像，进行图像描摹，封套扭曲

本例使用 Photoshop 调整图像颜色、简化细节，再使用 Illustrator 的图像描摹、封套扭曲等功能，制作出宠物用品 Logo，如图 12-22 所示。

图 12-22

01 运行 Photoshop。打开图像，如图 12-23 所示。执行"滤镜 > 锐化 >USM 锐化"命令，让毛发细节更加清晰，如图 12-24 所示。

图 12-23

图 12-24

02 执行"图像 > 调整 > 阈值"命令，如图 12-25 所示，对图像细节进行简化，同时将其转换为黑白效果，如图 12-26 所示。

图 12-25

图 12-26

03 执行"文件 > 存储为"命令，使用 JPEG 格式保存文件。运行 Illustrator 并打开素材，如图 12-27 所示。执行"文件 > 置入"命令，打开"置入"对话框中，选择存储的猫咪图像，取消勾选"链接"选项，单击"确定"按钮关闭对话框，在画布上（即画板外）单击，将图像嵌入文档中，如图 12-28 所示。

图 12-27

图 12-28

04 在控制栏中单击"图像描摹"选项右侧的 按钮打开下拉列表，选择"低保真度照片"选项，对图像进行描摹，如图 12-29 和图 12-30 所示。

图 12-29

图 12-30

05 单击控制栏中的"扩展"按钮，将描摹对象扩展为路径。选择直接选择工具 ，在图 12-31 所示的区域单击，将白色背景选取，按 Delete 键删除，如图 12-32 所示。

图 12-31

图 12-32

06 使用铅笔工具 绘制一个与猫脸大致相当的图形，如图 12-33 所示。按 Ctrl+[快捷键将图形调整到猫咪后方，如图 12-34 所示。

图 12-33

图 12-34

07 使用选择工具 拖曳出一个选框，将该图形和猫咪选中，如图 12-35 所示，按 Ctrl+G 快捷键编组，之后拖曳到装饰边框图形上，如图 12-36 所示。

图 12-35

图 12-36

08 选择文字工具 T，在空白区域单击并输入文字，使用选择工具 ，在"字符"面板中设置字体、大小，如图 12-37 所示。将文字拖曳到装饰边框上，如图 12-38 所示。

图 12-37

图 12-38

09 执行"对象 > 封套扭曲 > 用变形建立"命令，创建弧形扭曲，如图 12-39 和图 12-40 所示。

图 12-39　　　　　　图 12-40

图 12-42　　　　　　图 12-43

图 12-44　　　　　　图 12-45

12.3　网点纸动漫美少女

视频位置	多媒体教学 >12.3 网点纸动漫美少女 .mp4
技术掌握	使用色板库中的图案，并对其进行缩放，创建剪切蒙版

网点纸动漫是在绘画动漫时使用半色调或网点纸来实现特定的效果，不同密度和大小的网点可以表现阴影和渐变，如图 12-41 所示。

图 12-41

01 打开素材，如图 12-42 所示。使用选择工具 ▶ 单击图像，执行"编辑 > 编辑颜色 > 转换为灰度"命令，转换为黑白效果，如图 12-43 所示。

02 按 Ctrl+C 快捷键复制，按 Ctrl+F 快捷键粘贴到前面。修改混合模式，以显示更多的细节，如图 12-44 和图 12-45 所示。

03 将当前图层锁定，如图 12-46 所示。单击 ⊞ 按钮新建一个图层，如图 12-47 所示。

图 12-46　　　　　　图 12-47

04 执行"窗口 > 色板库 > 图案 > 基本图形 > 基本图形_点"命令，打开"基本图形_点"面板。使用矩形工具 □ 创建一个矩形，填充图 12-48 所示的图案，效果如图 12-49 所示。

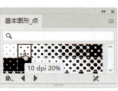

图 12-48　　　　　　图 12-49

05 保持矩形的选中状态。双击比例缩放工具 ，打开"比例缩放"对话框，单独对图案进行缩放，如图 12-50 和图 12-51 所示。

图 12-50　　　　图 12-51

08 按 Ctrl+A 快捷键全选，按 Ctrl+7 快捷键创建剪切蒙版，如图 12-57 所示。

图 12-57

06 使用钢笔工具 ✏ 绘制 3 个图形，如图 12-52~图 12-54 所示。

图 12-52　　　　图 12-53

图 12-54

07 按住 Shift 键使用选择工具 ▶ 单击这 3 个图形，将它们选中。选择形状生成器工具 ◔，按住 Alt 键在两个小图形上单击，如图 12-55 所示，将它们减除，如图 12-56 所示。

图 12-55　　　　图 12-56

12.4　简约插画

视频位置	多媒体教学 >12.4 简约插画 .mp4
技术掌握	绘图，使用宽度配置文件修改路径粗细，混合模式

　　简约风格插画强调绘画技巧，突出整体的艺术气氛与视觉效果，可用于宣传和推广，如图 12-58 所示。

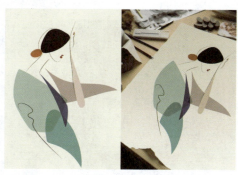

图 12-58

01 使用钢笔工具 ✏ 绘制头部图形，如图 12-59 所示。绘制棕色发髻，如图 12-60 所示。

图 12-59　　　　图 12-60

02 使用椭圆工具 ◯ 绘制两个枣红色椭圆形，作为嘴唇。按 Shift+Ctrl+A 快捷键取消选择。选择

铅笔工具 ✐，在控制栏中设置描边颜色为黑色，粗细为0.5pt，无填充，绘制下巴路径。在控制栏"变量宽度配置文件"下拉列表中选择"宽度配置文件1"，如图 12-61 所示，效果如图 12-62 所示。

图 12-61　　　　　　　　　　图 12-62

03 绘制脖子和头发线条，在控制栏"变量宽度配置文件"下拉列表中选择"宽度配置文件1"，如图 12-63 所示。

图 12-63

04 绘制手臂线条和手指线条，以高度简洁概括的线条体现设计感，在控制栏"变量宽度配置文件"下拉列表中选择"宽度配置文件1"，如图 12-64 所示。使用钢笔工具 ✐绘制指甲，填充与嘴唇颜色呼应的枣红色，如图 12-65 所示。

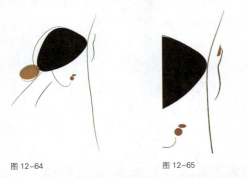

图 12-64　　　　　　　　　　图 12-65

05 绘制左衣袖和手臂，如图 12-66 所示。绘制右衣袖和裙摆，用大色块表现右衣袖，裙摆部分纤细一些，体现出女性特有的柔美与轻盈，如图 12-67 所示。

图 12-66　　　　　　　　　　图 12-67

06 绘制一个深蓝色的图形，如图 12-68 所示。使用选择工具 ▶ 选择组成衣服的 4 个图形，如图 12-69 所示，设置混合模式为"正片叠底"，使颜色之间交叠，如图 12-70 和图 12-71 所示。

图 12-68　　　　　　　　　　图 12-69

图 12-70　　　　　　　　　　图 12-71

07 使用铅笔工具 ✐绘制一条曲折回旋的路径，体现人物身姿的动感和婀娜，在控制栏"变量宽度配置文件"下拉列表中选择"宽度配置文件1"，设置描边粗细为2pt，如图 12-72 所示。创建一个与画板大小相同的浅黄色矩形，移至底层作为背景，如图 12-73 所示。

图 12-72　　　　　图 12-73

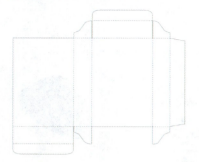

图 12-75

12.5　坚果包装及效果图

视频位置	多媒体教学 >12.5 坚果包装及效果图 .mp4
技术掌握	3D 效果，创建和使用材质，调整材质在模型上的位置

　　本例设计一款坚果包装，并使用 3D 效果制作立体效果图，如图 12-74 所示。

02 使用矩形工具 □ 在包装的各个面上创建矩形，如图 12-76 和图 12-77 所示。

图 12-76

图 12-77

03 在包装正面最上部创建一个矩形，按住 Shift 键使用直接选择工具 ▷ 单击图 12-78 所示的边角构件，向上拖曳，将矩形下方调成圆角，如图 12-79 所示。

图 12-74

图 12-78　　　　　图 12-79

04 选择文字工具 T，在远离图稿的区域单击并输入文字，如图 12-80 和图 12-81 所示。

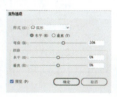

图 12-80　　　　　图 12-81

05 执行"对象 > 封套扭曲 > 用变形建立"命令，对文字进行扭曲，如图 12-82 和图 12-83 所示。

图 12-82　　　　　图 12-83

06 再输入一组文字，如图 12-84 和图 12-85 所示。

图 12-84　　　　　图 12-85

07 使用选择工具 ▶ 将文字拖曳到包装正面，如图 12-86 所示。将其他素材也拖曳到包装上，如图 12-87 所示。

图 12-86　　　　　图 12-87

08 使用文字工具 T 输入营养成分表文字，如图 12-88 所示（使用黑体，文字颜色与蓝色图形相同）。创建一个矩形，填充白色，置于文字后方作为背景，再创建一个矩形框，如图 12-89 所示。

图 12-88　　　　　图 12-89

09 将营养成分表放在包装盒背面，如图 12-90 所示。按住 Alt 键使用选择工具 ▶ 拖曳小花狗图稿，复制出一份，如图 12-91 所示。

图 12-90　　　　　图 12-91

10 按住 Shift 键拖曳定界框上的控制点，将图稿缩小。单击工具栏中的 ↘ 按钮，将描边颜色切换为填充颜色，如图 12-92 和图 12-93 所示。

图 12-92　　　　　图 12-93

11 将图标和纹样添加到包装盒上，如图 12-94 所示。

图 12-94

12 接下来制作 3D 包装效果图。按住 Alt 键使用选择工具 ▶ 拖曳包装盒正面的橙色图形，复制出一份，如图 12-95 所示。单击"3D和材质"面板中的 ❁ 按钮，添加 3D 效果，如图 12-96~图 12-98 所示。

图 12-95　　图 12-96

图 12-97　　　图 12-98

13 使用选择工具 ▶ 将包装正面图形选中（不包含橙色背景），如图 12-99 所示，拖曳到"3D和材质"面板中创建为材质，如图 12-100 所示。

图 12-99　　　　图 12-100

14 单击 3D 对象，将其选中，如图 12-101 所示，单击新添加的材质，将其贴到 3D 对象表面，如图 12-102 和图 12-103 所示。

图 12-101　　　图 12-102　　　图 12-103

15 将鼠标指针移动到材质内部，拖曳调整材质的位置，如图 12-104 所示。采用同样的方法分别将包装侧面和底部的图形拖曳到"3D和材质"面板中创建为材质，贴到 3D 对象上，然后单击面板右上角的 ▦ 按钮，进行渲染，效果如图 12-105 所示。

图 12-104　　　　　　图 12-105

课后习题参考答案

第1章

1. 矢量图是由一系列数学公式定义的图形。其优点是，占用的存储空间较小，可以无损编辑，即无论怎样旋转和放大等，图形都会保持清晰。其缺点是，不能表现复杂的色彩和细节，软件和显示设备的支持不如位图广泛。

位图是由像素组成的图像。其优点是，可以细腻地呈现现实世界中的所有色彩和景物，受到绝大多数软件和显示设备的支持。其缺点是，占用的存储空间较大，旋转和放大时清晰度会变差。

2. 如果图稿用于打印或商业印刷，可以在"新建文档"对话框的"打印"选项卡中选择预设文件，颜色模式会自动设置为"CMYK"颜色；如果用于网络，可以在"Web"选项卡中选择预设文件，颜色模式会自动设置为"RGB"颜色；如果用于手机等设备，可以在"移动设备"选项卡中选择预设文件；如果用于视频，可以在"胶片和视频"选项卡中选择预设文件。

3. 将 Illustrator 中的图稿保存为 AI 格式，以后可以随时修改其中的内容。需要与 Photoshop 交换文件时，可以保存为 PSD 格式，这样图层、文字、蒙版等都能在 Photoshop 中编辑。

第2章

1. 选择对象，在"变换"面板或控制栏的"X"和"Y"文本框中输入数值并按 Enter 键确认即可。也可以选择对象后，双击选择工具 ▶，在打开的"移动"对话框中设置移动距离和角度。

2. 使用编组选择工具 ▶ 单击组中的对象，可以将其选中。

3. 选择需要对齐或分布的对象，使用选择工具 ▶ 单击其中的一个对象，将其设置为关键对象，之后单击对齐或分布按钮即可。

第3章

1. 在"颜色"面板中，按住 Shift 键拖曳一个滑块，可同时移动与之关联的其他滑块（H、S、B 滑块除外），这样可以调整颜色的明度，将当前颜色调深或调浅。

2. 在"颜色"面板中设置好颜色后，在"色板"面板中单击 ⊞ 按钮，可以将当前颜色保存到该面板中；如果选择了一个矢量对象，在"色板"面板中单击 ⊞ 按钮，可将其处于当前编辑状态的填色或描边的颜色保存到该面板中。

3. 选择基本图形绘制工具后，在画板上单击，打开相应的对话框，可以设置图形的精确尺寸。

第4章

1. 使用直接选择工具 ▷ 和锚点工具 ⌐ 拖曳曲线路径段时，可以调整曲线的位置和形状，拖曳角点的方向点，只影响与方向线同侧的路径段，这是二者的相同之处。不同之处体现在处理平滑点上，拖曳平滑点的方向点时，直接选择工具 ▷ 会同时调整该平滑点两侧的路径段，而锚点工具 ⌐ 只影响与方向线同侧的路径段。

2. 使用直接选择工具 ▷ 单击角点，将其选中，拖曳边角构件可进行转换，也可单击控制栏中的 ⌐ 按钮来转换，或者使用锚点工具 ⌐ 拖曳角点完成转换。

3. 剪刀工具 ✂ 可以将路径剪为两段，断开处会生成两个重叠的锚点。美工刀工具 ⌁ 可以将图形分割开，生成的形状是闭合路径。路径橡皮擦工具 ⌁ 可以将路径段擦短或完全擦除。橡皮擦工具 ◆ 可以将路径和图形擦除（擦除范围更大）。

第5章

1. "形状模式"与"路径查找器"提供了不同的图形组合方法，但都会给图形造成永久性的改变。按住 Alt 键单击"形状模式"选项组中的各个按钮，可以创建复合形状，它不会修改原始图形，任何时候都可将原始图形释放出来。

2. 图形、路径、编组对象、混合、文本、封套扭曲对象、变形对象、复合路径、其他复合形状等都可用来创建复合形状。

3. Shaper 工具 ⌒ 可以识别用户的手势，生成基本形状，而无须切换工具；还可以组合和分割堆叠在一起的图形。

第 6 章

1. 单击工具栏中的填色按钮，切换到填色编辑状态，然后选择网格点或网格片面，对其进行上色。

2. 选择渐变对象，执行"对象>扩展"命令，打开"扩展"对话框，勾选"填充"和"渐变网格"选项即可。

3. 可以对图形应用全局色，以后修改某种全局色时，使用了它的所有对象都会自动更新颜色。

第 7 章

1. 如果直接复制其他软件中的文字，再将其粘贴到 Illustrator 文档中，则无法保留文本格式。要保留格式，应使用"文件>打开"命令或"文件>置入"命令操作。

2. 选择文本对象，执行"文字>创建轮廓"命令，将文字转换为轮廓，之后可以使用渐变填色和描边。

3. 在"字符"面板中，"字距微调" VA 选项用来调整两个文字间的距离；"字距调整" VA 选项可以对所选文字的间距进行调整；"比例间距" 選项可以按照一定的比例统一调整文字间距。其中，"比例间距" 选项只能收缩字符间距，而"字距微调" VA 选项和"字距调整" VA 选项既能收缩字距，又能扩展字距。

第 8 章

1. 图形、文字、路径、使用渐变和图案填充的对象都可用于创建混合。

2. 封套扭曲可以通过 3 种方法创建：用变形方法（Illustrator 提供的 15 种变形样式）创建、用变形网格创建，以及用顶层对象扭曲下方对象。图表、参考线和链接的对象不能创建封套扭曲。

3. 选择对象，执行"对象>封套扭曲>封套选项"命令，打开"封套选项"对话框，勾选"扭曲图案填充"选项，可以让图案与对象一同扭曲。取消勾选"扭曲外观"选项，可以消除对效果和图形样式的扭曲。

第 9 章

1. 可以在选择对象后，在"外观"面板中单击"填色"或"描边"属性的 ❯ 按钮展开列表，然后单击列表中的"不透明度"选项，打开下拉面板修

改不透明度和混合模式；也可以在"透明度"面板中进行修改。

2. 可以通过 3 种方法创建剪切蒙版。第 1 种方法是在对象上创建一个矢量图形，在"图层"面板中选中子图层所属图层，然后单击面板中的 ◩ 按钮；第 2 种方法是选择该矢量图形及下方对象，然后执行"对象>剪切蒙版>建立"命令；第 3 种方法是单击工具栏中的"内部绘图"按钮 ◉，之后绘制图稿，这样所创建的对象就只在图形内部显示。

3. 对于不透明度蒙版，任何着色的矢量对象，以及位图图像都可用作蒙版。对于剪切蒙版，只有路径和复合路径可用作蒙版。

第 10 章

1. 选中应用效果的对象，在"外观"面板或"属性"面板中双击效果名称，可以打开相应的对话框修改参数。在"外观"面板中，将一个效果拖曳到 ⯐ 按钮上，可将其删除以还原对象。

2. 选择对象，单击"外观"面板中的 ◻ 按钮，可以为对象添加新的描边属性；单击 ◼ 按钮，可以添加新的填色属性。

3. 在图层的选择列单击，可以将外观属性应用于图层，此时该图层中的所有对象都会添加这一属性，将其他对象移入该图层时，会自动添加此属性，移出则取消。为图层添加图形样式时也是如此。而将外观，如"投影"效果应用于单个对象时，不会影响同一图层中的其他对象。图形样式也是如此。

第 11 章

1. 在"画笔"面板中选择一种画笔，之后使用画笔工具 ✎ 绘制路径，可以在绘制路径的同时添加画笔描边。使用其他绘图工具绘制的路径不会自动添加画笔描边。需要添加时，应先选择路径，再单击"画笔"面板中的画笔。

2. 图案画笔会完全依循路径排布画笔图案，而散点画笔则会沿路径散布图案。此外，在曲线路径上，图案画笔的箭头会沿曲线弯曲，而散点画笔的箭头始终保持直线方向。

3. 使用符号可以快速创建重复的图稿，节省绘图时间；每个符号实例都与"符号"面板中的符号建立了链接，当符号被修改时，符号实例会自动更新；此外，使用符号还能减小文件占用的存储空间。